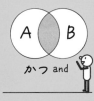

数学教師が教える

涌井良幸
Yoshiyuki Wakui

やさしい論理学

ベレ出版

はじめに

　「論理」とか「論理学」と聞くと、「ちょっと、私は……」と敬遠する人が少なくありません。そもそも「論」も「理」も「学」も、どの言葉もけっして耳障りのいいものではないからです。なにか冷たく、やっかいな感じがします。

　しかし、考えてみると、**日常の会話は「論理の塊」**であることに気づきます。

　「明日晴れならばハイキングに行く」

　「この用紙には万年筆かボールペンで記載してください」

　「身分証明書と印鑑が必要です」

　「私は彼を好きではありません」

　「消費税を上げれば税収が増える。逆に税収が増えれば……」

　「…………」

　あげ始めたらきりがありません。それは、人間が考えたり判断するとき、自然と**「つじつまがあうように」「筋が通るように」「腑に落ちるように」「間違いがないように」……と工夫する**からです。この工夫がまさに「論理」であり、「論理学」なのです。

　私たちが使っている言語、つまり、自然言語の世界では、適度な曖昧さを含む論理を使うことによって多少のトラブルを伴いながらも日常生活が円滑に営まれています。

　しかし、上記の例で使われている「ならば」「か（または）」「と（かつ）」「でない」「逆に」……などは学校教育で正規に教えられたものではありません。本を読んだり、人と会話をしたりするなかで経験を通して自然と身につけたものです。だから、自然言語というわけです。

　この自然言語しか知らない人は、「でない」とか、「かつ」「または」

「ならば」などを、自分の経験に基づいて"自己流に解釈"して使用しています。そのため会話や議論での多少の行き違いは避けられません。

　日本の教育では算数、数学を通して正しい論理を学ぶことになりますが、残念ながらその目的は十分に果たされていないように思えます。

　そこで、本書は「**中学数学のレベルで古代ギリシャ以来の「論理学」なるものを体験しよう！**」と試みました。このことで、今までモヤモヤしていた自分の考え方が整理され、スッキリすることが多くなります。つまり、**数学・科学の立場から自然言語、日常の会話を見つめることができる**からです。

　2000年以上の長きにわたって築きあげられた論理学は奥の深いものですが、本書ではその基本だけを紹介しています。

　なお、本書は世の中の言葉の使い方を正そうとか、論理を武器に議論に強くなろうというものではありません。数学、科学の論理の基本を身につけて、会話の内容をより正確に判断し、心にゆとりをもてるようにするための本です。

　最後になりますが、本書の企画段階から最後までご指導くださったベレ出版の坂東一郎氏、編集工房シラクサの畑中隆氏の両氏に、この場をお借りして感謝の意を表させていただきます。

2023年2月　涌井　良幸

本書の使い方

　プロローグでは、日常遭遇するちょっとした論理のトラブルと論理の学びの大切さを紹介しています。

　次の第1章、第2章がこの本のメインです。というのは、

> 論理において、
> **「でない」「かつ」「または」「ならば」**
> の意味とその正しい使い方が最も基本になる

からです。

　そこで、**これらの用語の意味と使い方を、第1章では表を利用して、第2章ではベン図という図を利用して解説**します。

　この第1章、第2章を身につけるだけでも、「論理学の入門」としては十分といえます。そして、**第3章では論理にまつわる有名な事柄を紹介**しています。ここは少し専門的な内容になりますので、「むずかしい」と感じたら、ただ眺めるだけでもかまいません。

　なお、**付録では、プロローグで提起した問題の解答を掲載してあります**ので、ぜひ、プロローグの問題にもチャレンジしてみてください。

プロローグ
ちょっと気になる日常会話

やさしい論理学(第2章)
論理を図形で考える

やさしい論理学（第3章）
論理雑学

プロローグ

ちょっと気になる
日常会話

「**生活するのに、論理なんて必要ない**」——こう思っている人は多いようです。それともうひとつ、日本の社会では論理を振り回す人への評価はあまり芳(かんば)しくありません。「あいつは理屈っぽくて好かない」などといわれてしまいます。

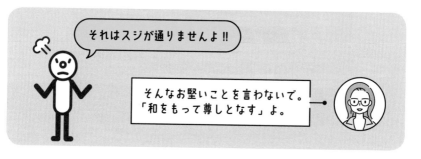

しかし、**人間は論理なしには考えることができない**のです。たとえば、

「晴れたら、お花見に行こう」

「お金があれば、留学できる。しかし、お金がないから無理」

「生きるためには、働かねばならない」

「試験に合格するには、それだけ努力すれば十分」

「旅に出ようか、ゴロゴロしようか」

「…………」

このように、例をあげたらきりがありません。

上記はすべて、論理以外のなにものでもありません。だから、私た

ちは「論理なしに生きることはできない」のです。論理とはうまく付き合っていくしかありません。

しかし、自然言語で使われる論理は煩雑で、絶妙に込み入っています。そこで、まずは、余分なものをそぎ落とし、**単純化した数学・科学の世界で生まれた論理学を身につけておくのが便利**です。

幸いなことに、論理学の基礎はほんの少しの時間で学ぶことができます。しかも、本書を利用すれば算数感覚で学べます。学ぶ前と学んだ後とでは、世界がまるで違ったものに見えるでしょう。今後の人生を考えれば、論理学を身につける価値は十二分にあるのです。

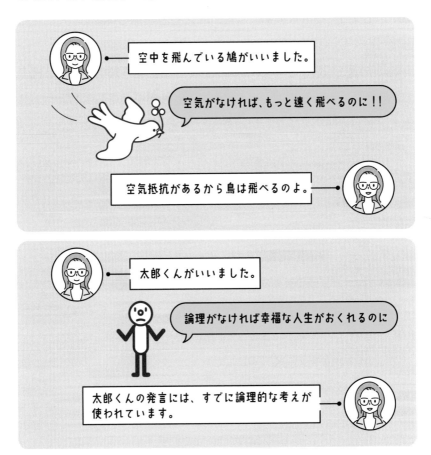

　「安くて旨い」──**この否定は何でしょうか**。こう質問すると多くの人は「高くてまずい」と即答します。どうでしょうか。

　いま「カツ丼」の料金に着目すると「安い」と、その否定「安くない」の2つに分類されます。また、味に着目すると「旨い」と、その否定「旨くない」の2つに分類されます。

　ここで話を簡単にするために、「安くない」を「高い」という言葉に置き換え、「旨くない」を「まずい」に置き換えてみましょう。すると、料金と味の2つを加味してカツ丼を分類すると、次のように4つの世界に分かれます。

	安い	高い
旨い		
まずい		

　すると、**「安くて旨い」はこの4つの世界の1つにすぎない**ことがわかります。

	安い	高い
旨い	○	
まずい		

14

ということは、「安くて旨い」の否定が「高くてまずい」と答えた人は、「安くて旨い」以外の3つの世界の1つだけを答えたことになります。それでいいのでしょうか。

	安い	高い
旨い	○	
まずい		否定はここだけなの？

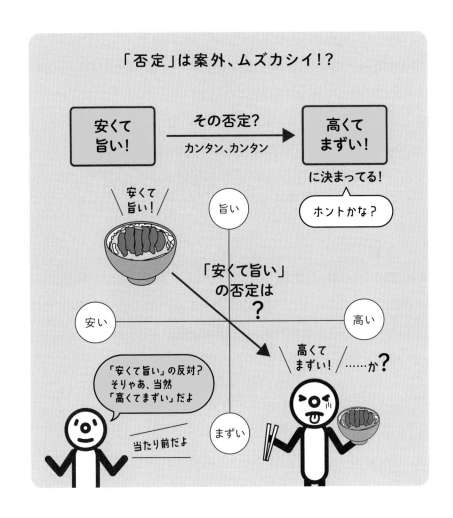

「否定」は案外、ムズカシイ！？

安くて旨い！ → その否定？ カンタン、カンタン → 高くてまずい！

に決まってる！

ホントかな？

安くて旨い！

旨い

「安くて旨い」の否定は？

安い ——— 高い

「安くて旨い」の反対？ そりゃあ、当然「高くてまずい」だよ

当たり前だよ

まずい

高くてまずい！／……か？

Section 0-3 | 「コーヒーまたは紅茶」といわれたら

レストランで食事をすると、食後の飲み物を聞かれます。

「コーヒーまたは紅茶のどちらにしますか」 ……①

このとき、数学の得意な太郎くんが

「コーヒーと紅茶の両方をお願いします」

とお願いしたら、お店の人は困った顔をしました。

「コーヒーまたは紅茶」の世界

前節と同様に、コーヒーを注文するかしないか、紅茶を注文するかしないかで分類すると次の4つの世界に分かれます。

	コーヒーを注文	コーヒーを注文しない
紅茶を注文		
紅茶を注文しない		

すると、太郎くんとお店の人とのトラブルは①の解釈が異なること

から生じたものと思われます。

「**または**」の解釈を、太郎くんは「少なくとも一方」と考えて答え、お店の人は「どちらか一方」と考えて質問したのでしょう。

太郎くんの「コーヒーまたは紅茶」の解釈

	コーヒーを注文	コーヒーを注文しない
紅茶を注文	○	○
紅茶を注文しない	○	

お店の人の「コーヒーまたは紅茶」の解釈

	コーヒーを注文	コーヒーを注文しない
紅茶を注文		○
紅茶を注文しない	○	

「高齢者または基礎疾患を有する人」とはどんな人？

同じく「コーヒーまたは紅茶」の世界ですが、コーヒーを「高齢者」、紅茶を「基礎疾患を有する人」とした場合、次の表現はいかがでしょうか。

「高齢者または基礎疾患を有する人は優先的にワクチン接種」……②

「コーヒーまたは紅茶」に対してどちらか一方のみしか頼めないと

高齢者

または
どっちかだけ？

基礎
疾患者

思っている人は、この②の報道をどう受け止めるでしょうか。

　もし、「**または**」を「どちらか一方のみの条件を満たすもの」と
捉えてしまったら、そのときは、「高齢者で基礎疾患を有する人」は
ワクチン接種を受けられないことになります。

　たぶん、①については「コーヒーか紅茶」の「どちらか一方のみし
か頼めない」と思っている人でも、②については「高齢者で、かつ、
基礎疾患を有する人」も、当然、ワクチン接種を受けられるはずだ、
と解釈するでしょう。

　しかし、これは困ったことです。「または」の解釈が首尾一貫して
いません。状況や場合によって、「または」の解釈がコロコロ変わっ
ているからです。これでは、正しい意思疎通は絶望的です。場合によ
っては大問題を引き起こしかねません。

「でない」「かつ」「または」「ならば」……は大事にしよう

　「**でない**」「**かつ**」「**または**」それに「**ならば**」などは、私たち
が思考をする際、きわめて大事な言葉です。たしかに、解釈が多少曖
昧（あい・まい）な部分があっても、日常会話ではそれほどトラブルにはならないか
も知れません。

　しかし、世の中が複雑になり、いろいろな教養の人が混在して生活
している社会では、「でない」「かつ」「または」「ならば」などの基本
用語については最低限の共通認識が必要です。この基本を押さえてい
れば、安心して曖昧さを受け入れられるのです。

小学校の先生が子どもたちに「明日、晴れたら外で体操しようね」と告げて児童を下校させました。

明日、晴れたら外で体操しようね。

しかし、翌日は雨だったので、子どもたちは体操着を持参しませんでした。この判断は、通常は「正しい」と見なされます。

しかし、**論理的にはいろいろ問題があります**。おわかりですか？

まず、明日の天気は「晴れ」以外にも「曇り」とか「雨」など別の可能性があるのに、**晴れの場合のことしか指示を与えなかった**ことです。つまり、適切な指導ではなかったのです。現代ではメールの一斉送信で当日の朝になってから連絡が入り、事なきを得るかも知れませんが、だからといって許されることではありません。

また、子どもたちにも問題があります。「晴れたら」に対して**「晴れなかったらどうするの？」と質問しなければなりません**。これは生きる知恵です。算数で高得点をとる以上に大事なことなのです。

　私たちは、何かの判断、議論をするときには、**前提条件は正しいもの**としています。もし前提条件が間違っていたら、この判断、この議論は意味がないとして判断や議論を無意味にします。つまり、前提条件が間違っていたら、結論が正しいかどうかを判断したり議論したりはしません。

　論理学の世界はもっと強烈です。**前提条件が間違っていたら、結論が正しいかどうかにかかわらず、判断そのものは正しいとする**のです（その理由は§1−8）。

　先の天気の問題の「明日、晴れたら外で体操しようね」については、晴れでなければどんな結論も許されるのです。つまり、晴れでなければ外で体操をするかも知れないし、そうでないかも知れない、ということです。

　もう一つ、同じような例を考えてみましょう。

「x 氏が幕末の志士ならば x 氏は剣術ができた」という文があるとき、x として妥当な人物を下記から選べ。
　　①坂本竜馬　　②徳川家康　　③土方歳三

　正解は全員です。ここで「なぜ徳川家康が正解に含まれるのか？」というと、家康はそもそも前提条件を満たしていないからです。他の二人は前提も結論も正しいですね。

この家康は、幕末の志士かな？

Section 0-5 | 消費税を上げれば社会福祉は充実する。逆に、……

先日、テレビで国会議員の答弁を聞いていたら、次のような発言を耳にしました。何か気になりませんか。

「逆に」……というけれど

どこがおかしいか、そうです。**「逆に」といっておきながら、全然「逆をいっていない」**のです。

「pならばq」の逆は「qならばp」

のはずです。したがって、

「消費税を上げれば、社会福祉は充実する」

の逆は、

「社会福祉が充実すれば、消費税は上がる」

となります。

　議論の仕方をよく研究している国会議員ですら然り、分けても、日常会話では逆でもないのに「逆に」がまかり通っています。

　「明日、雨でなければ遠足に行こうね。逆に、雨ならば遠足はやめようね」

　「お金がないから結婚できない。逆に、お金があれば結婚できる」

　「…………」

　こう考えると、国会議員だけを責めるのはかわいそうかも知れません。「逆に」はこのように曖昧に使われていても、日常生活ではあまり問題が起きていないようです。

彼の論理は間違っている

　「消費税を上げれば、社会福祉は充実する。逆に、消費税を上げなければ、社会福祉は充実できません」とありますが、「逆に」については目をつぶることにしましょう。

　しかし、「消費税を上げれば、社会福祉は充実する」を根拠に、「消費税を上げなければ、社会福祉は充実できません」という判断を下すことには問題があります。もとが正しいとしても、この判断は正しいとは限らないのです。つまり、

　「pならばqである」から「pでなければqでない」

は導き出せないのです。

　わかりやすい例で考えてみましょう。

　「人間ならば動物である」が正しいとして、「人間でなければ動物で

ない」といえるでしょうか。無理ですよね。私の飼っている愛犬のハナは人間ではありませんが、ちゃんとした動物です。したがって、「人間でなければ動物でない」は誤りです。

このように考えると、国会議員の発言はおかしいことがわかります。つまり、「消費税を上げれば、社会福祉は充実する」が正しいとしても、これをもとに「消費税を上げなければ、社会福祉は充実できません」が正しいとはいい切れません。

本来ならブーイングが起きてもおかしくないのに、聴衆（議員）は拍手喝采……。実際、他の財源を充てても社会福祉の充実は可能です。

国会は「言論の府」と
呼ばれている…
しかし、議論のレベルはさすが……
とはいいがたいなぁ。

Section 0-6 朝、ごはんを食べましたか？

　国会議員の話のついでに、彼らがよく使う「ごはん論法」というヘンテコな論理も紹介しましょう。これは

　「朝、ごはんを食べましたか？」

という質問に対して、本当は朝食を食べたのに、

　「いいえ、今朝はごはんを食べませんでした」

と答える論法です。なぜならば、「**ごはんではなく、パンを食べたから**」

というのが、ウソはついていないという理由です。

　質問に正面から答えず、**論点をズラして回答をはぐらかし、逃げ切**

ろうという論法なので、「ごはん論法」と呼ばれるものです。

　一般に、「ごはん」という言葉は日本では「食事」のことを指すのがふつうなのに、わざと「白米」とか「お米」という狭い意味に「ごはん」という言葉を限定して逃げているのです。論点をすり替えて、実質的にはウソをつく。これでは、議論がかみ合いません。

　ここではわかりやすいように「ごはん」をあげましたが、「ごはん論法」における「ごはん」はいろいろなものや現象に変えて使われています。本書を読めば、こうしたはぐらかし論法への感度がアップします。

Section 0-7 君、そのための必要条件は？

会議で太郎くんは上司から、次の質問をされました。

太郎くんの頭は真っ白になりました。高校時代に数学の試験で次の
ような問題を解かされて悩んだ記憶が蘇ったからです。

〔問い〕 次の□□の中に、必要条件、十分条件、必要十分条件
のいずれか適切な言葉を入れなさい。

(1) x、y が共に整数であることは $x+y$ が整数であるための
□□である。

(2) $xy = 0$ は x、y のどちらか一方だけが 0 であるための□□で
ある。

(3) 三角形の 2 角が等しいことは、その三角形が二等辺三角形
であるための□□条件である。

もちろん、こんな問題を上司が聞いているわけではありません。ただ、高校時代の「必要条件」という言葉がトラウマになっていた太郎くんがパニックに陥ったのでしょう。彼は悩んだあげく、右上図のように答えました。

　すると、上司は即座に右下図のように反論しました。

　どちらのいい分が正しいのでしょうか。答えに迷う人は、後述する§2−11を読んでからもう一度考えてください。なお、解答はエピローグに用意してあります。

　論理の世界では**必要条件**、**十分条件**、**必要十分条件**は非常に大事です。太郎くんのように学生時代の数学で苦手意識を持たされた方も、本書でもう一度、これらの用語に挑戦してみましょう（§2−11）。

（注）　前ページの問いは、数や図形の性質を知らないと正解は得られません。したがって解けなくても問題はありませんが、参考までに答えのみを紹介しておきましょう。
（1）十分条件　（2）必要条件　（3）必要十分条件

Section 0-8 | 「今の若者は甘ったれ」に反論

上司に次のようなことをいわれたら、「そんなぁ」と反論したくなりますね。

今の若者はみんな
甘ったれているぞ。

そこで、太郎くんは「上司の考えは誤りである」ことを主張しようとして、その否定が正しいことを示そうとしました。なぜならば、

「pである」と「pでない」

は両立しません。

つまり、一方が正しければ他方は誤りだからです。

ところが、論理に強くない太郎くんは

「今の若者はみんな甘ったれている」

の否定として、次のように主張してしまったのです。

残念ながら、逆に、上司にやり込められてしまいました。

太郎くんの主張はどこがまずかったのでしょうか。太郎くんが正しく主張するためには「**全称命題の否定**」（§2-14）を知らなければいけなかったのです。

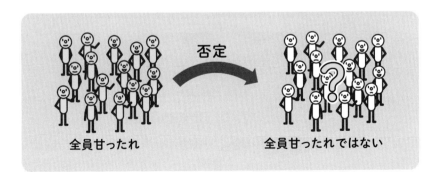

太郎くんの友だちの三郎くんは、次のようにいいます。

「世の中には性格の悪い人もいるよね」

しかし、性善説を信じる太郎くんはこの友人の考えに同意できません。そこで、太郎くんは三郎くんの「性格の**悪い人**もいるよね」を否定して、それが正しいことを主張しようとしました。

しかし、論理を少しかじったばかりの太郎くんは

「世の中には性格の**悪くない人**もいるよ」

と主張してしまいました。

そうすると、次郎くんはいいました。

「当然だよ。僕の主張と少しも矛盾してないじゃないか」

太郎くんの主張は、どこがまずかったのでしょうか。太郎くんが正しく主張するためには「**特称命題の否定**」（§2−14）を知らなければいけなかったのです。

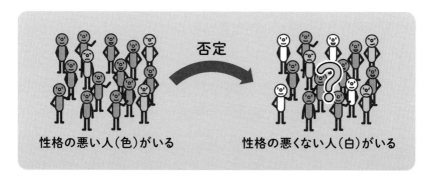

性格の悪い人（色）がいる　　否定　　性格の悪くない人（白）がいる

Section 0-9 | 「美男美女は気立てがよくない」との発言に怒る

　昼休み、太郎くんは同僚同士で次のような立ち話をしていました。

　「とかく美男美女は気立てがよくない。それはきっと、子どもの頃からチヤホヤされて育てられたからだろうね。その人の努力でもないのに」

　他の同僚も「そうだ」と同意していました。

　それを隣で聞いていた桜子さん（気立てがいいことで評判）は悲しくなりました。それは「美男美女は気立てがよくない」ことに

反発したからではありません。桜子さんは数学が好きで、論理についてしっかりと学習していたからです。

　論理に強い桜子さんにとっては、「気立てのいい人は美男美女ではない」といわれたも同然だからです。つまり、「気立てのいい桜子さんは、残念ながら美男美女ではありませんよ」といわれたのに等しかったのです。

　この理屈、おわかりでしょうか。ピンとこなければ本文（§1−9）を読んだ上で、再度、読み直してください。それでも、ハッキリしなければエピローグの解答を参照してください。

Section 0-10 | 「飲んだら乗るな、乗るなら飲むな」

表題の飲酒運転禁止の標語は有名です。しかし、この標語の解釈を巡って太郎くんと花子先生の二人はケンカをしてしまいました。

「飲んだら乗るな」も「乗るなら飲むな」も表現は違うが、中身は同じことを主張しています。

 太郎くん

「飲んだら乗るな」はお酒を飲んだ後の禁止事項をあげている。これに対して「乗るなら飲むな」はクルマの運転を始める前の禁止事項をあげている。
だから、両者は明らかに違うことを主張しているのよ。

花子先生

太郎くんの意見を見ると、結論を述べているだけで理由が定かではありません。花子先生の意見は理由もしっかり述べられていて誠にごもっともと思えます。だからといって、太郎くんの意見を排除するのも気になります。

あらかじめ断っておきますが、論理に着目するとき本書では「時の前後関係」は度外視します（§1−9〈参考〉参照）。それは、より広い立場から思考の基本的な法則性を解明したいからです。その結果、たとえば「私は来た、そして見た」も「私は見た、そして来た」も論理的には同じと見なします。この観点に立つとき、太郎くんは間違いでしょうか。ヒントは前節にあります。ハッキリしなければ本文を読んだ上で解答（エピローグ）を参照してください。

Section 0-11 | 論理の正しさは表や図でわかる

論理学のすごいところは「でない」「かつ」「または」「ならば」などの言葉から作られる文章や式の本質を、簡略化した記号でズバリ表現することです。

論理の正しさは表でわかる

たとえば、「太郎くんはごはんを食べたら果物を食べる。そして、果物を食べたらお茶を飲む。すると、太郎くんはごはんを食べたらお茶を飲むことになる」を調べてみましょう。

第1章で紹介する記号を使うと、ここでの論法の本質は次のように簡潔に表現されます。

$$(p \rightarrow q) \wedge (q \rightarrow r) \rightarrow (p \rightarrow r)$$

論理学では、この論法の正しさを確認するのに**真理表**と呼ばれる、次ページのような表を利用します。

今は、この表が何をいっているのか、まったくわからないと思いますが、第1章の説明を読めば小学生の算数感覚で簡単に理解できますから安心してください。

p	q	r	$p \to q$	$q \to r$	$(p \to q)$ $\land$ $(q \to r)$	$p \to r$	$\{(p \to q) \land (q \to r)\} \to (p \to r)$
T	T	T	T	T	T	T	T
T	T	F	T	F	F	F	T
T	F	T	F	T	F	T	T
T	F	F	F	T	F	F	T
F	T	T	T	T	T	T	T
F	T	F	T	F	F	T	T
F	F	T	T	T	T	T	T
F	F	F	T	T	T	T	T

論理の正しさは表でわかる

論理の正しさが図でわかる

たとえば「xが人間ならばxは哺乳類である。そして、xが哺乳類ならばxは動物である。このことからxが人間ならばxは動物である」を調べてみましょう。第2章で紹介する記号を使うと、ここでの論法の本質は次のように簡潔に表現されます。

$$\{(p(x) \to q(x)) \land (q(x) \to r(x))\} \to \{(p(x) \to r(x))\}$$

この論法の正しさを確認するには、次のように**集合**を図で描いた**ベン図**というものを利用します。

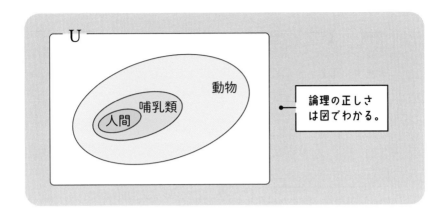

論理の正しさ
は図でわかる。

もちろん、今は上のベン図が何をいっているのかはわからないと思いますが、第2章の説明を読めば簡単に理解できます。ここでは、**論理というものが図で理解できる**、つまり、「論理は目で見て理解できる」ことをあらかじめ紹介しておきたかったのです。

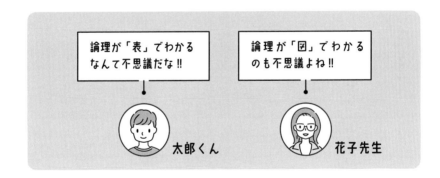

論理が「表」でわかる
なんて不思議だな!!

太郎くん

論理が「図」でわかる
のも不思議よね!!

花子先生

プロローグ

やさしい
論理学その❶
論理を表で考える

やさしい
論理学その❷
論理を図形で考える

やさしい
論理学その❸
論理雑学

付録

論理学に関連する歴史上の出来事について、大まかな流れで図示すると下図のようになります。見慣れない言葉が目立ちますが、本文でその説明があります。順序が逆になりますが、本書を一読してから、再度、下図を眺めてみるとよいと思います。

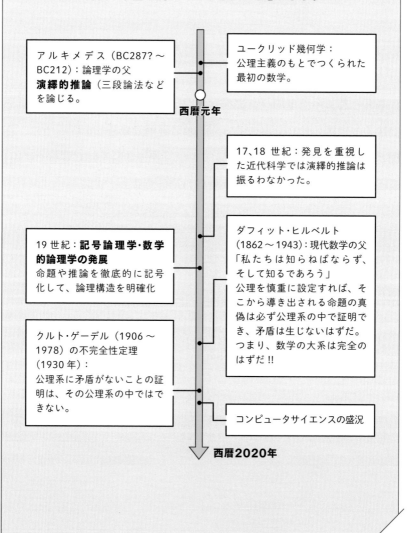

アルキメデス（BC287?～BC212）：論理学の父
演繹的推論（三段論法などを論じる。

ユークリッド幾何学：
公理主義のもとでつくられた最初の数学。

西暦元年

17、18 世紀：発見を重視した近代科学では演繹的推論は振るわなかった。

19 世紀：**記号論理学・数学的論理学の発展**
命題や推論を徹底的に記号化して、論理構造を明確化

ダフィット・ヒルベルト
（1862～1943）：現代数学の父
「私たちは知らねばならず、そして知るであろう」
公理を慎重に設定すれば、そこから導き出される命題の真偽は必ず公理系の中で証明でき、矛盾は生じないはずだ。つまり、数学の大系は完全のはずだ !!

クルト・ゲーデル（1906～1978）の不完全性定理（1930 年）：
公理系に矛盾がないことの証明は、その公理系の中ではできない。

コンピュータサイエンスの盛況

西暦2020年

やさしい論理学
第1章

論理を表で考える

論理の攻略に表はステキな道具

Section 1-1 | 「命題」という言葉に慣れよう

　考えごとをしたり、会話や交渉をするときには、私たちは無意識のうちに、いろいろな論理を使っています。このとき、正しい論理を使わないと、とんでもない判断ミスや誤解が生じます。

　そこで、本章では<u>「正しい論理」とは何か</u>を調べていくことにします。そのためには、まず、論理の世界でよく使われる言葉をいくつか確認しておきましょう。

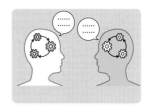

命題とは

これからは、

　「正しい」ことを「**真**」　　　「間違っている」ことを「**偽**」

と表現することにします。また、

　　真偽が客観的に判断できる文章や式のことを「命題」

と呼ぶことにします。真、偽、命題。なんだか、すごく堅苦しく冷たい感じがしますが、慣れてください。

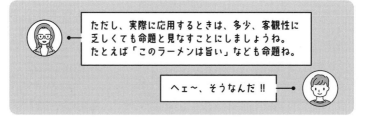

ただし、実際に応用するときは、多少、客観性に乏しくても命題と見なすことにしましょうね。
たとえば「このラーメンは旨い」なども命題ね。

ヘェ〜、そうなんだ!!

プロローグ

やさしい論理学
第1章 論理を表で考える

やさしい論理学
第2章 論理を図形で考える

やさしい論理学
第3章 論理雑学

付録

命題には p、q、r、s、……などと名前を付ける

　たとえば、「太郎くんは男である」とか、「太郎くんは学生である」などは、真偽が客観的に判定できる文章なので命題です。このような個々の命題に対して、便宜上、名前を付けることにしますが、本書ではアルファベットの小文字（イタリック）を使うことにします。

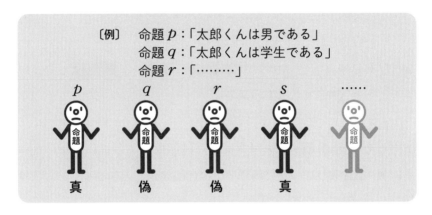

　〔例〕　命題 p：「太郎くんは男である」
　　　　命題 q：「太郎くんは学生である」
　　　　命題 r：「………」

p　　　q　　　r　　　s　　……

真　　　偽　　　偽　　　真

　なお、「太郎くんは男の学生である」は「太郎くんは男である」という命題と、「太郎くんは学生である」という2つの命題が組み合わさったものと考えられます。

　そこで、もとの個々の命題（p や q）を**単一命題**（単純命題）と呼び、単一命題が組み合わさってできる命題（「p かつ q」や「p ならば q」）のことを**合成命題**（複合命題）と呼ぶことにします。なお、本書では、単に命題といえば、単一命題を指すものとします。

まとめ　**命　題**：真偽の判断ができる文章や式

　　　　合成命題：単一命題 p、q、r、s、……が組み合わさってできる命題

私たち人間が思考するときによく使われる言葉として

　　　でない、かつ、または、ならば、……

などがあります。とりわけ、「**でない**」「**かつ**」「**または**」の3つは考える上ですごく大事な言葉です。

　たとえば、「太郎くんは男の学生である」という命題は「太郎くんは男である」（命題p）と、「太郎くんは学生である」（命題q）という2つの命題を「かつ」で結びつけた合成命題と見なせます。つまり、「pかつq」のことです。

論理記号を使ってみよう

　「でない」「かつ」「または」という言葉を簡単な記号 ～、∧、∨で表現しましょう。このような記号を**論理記号**といいます。

　　$\sim p$　……　pでない　（not p）

　　$p \wedge q$　……　pかつq　（p and q）

　　$p \vee q$　……　pまたはq　（p or q）

（注）論理学では命題 p, q に対し、$\sim p$ を p の「否定」、$p \wedge q$ を「合接」、$p \vee q$ を「離接」といいます。本書では合接、離接などの専門用語はあえて使いません。

真理値と真理表

　命題とは真偽が判定できる式や文章です。そこで、命題pの真偽の

判定をした結果、

p が真であることを T （true の頭文字）

p が偽であることを F （false の頭文字）

と表すことにします。この T、F を命題 p の**真理値**といいます。そして 2 つの命題 p、q からなる合成命題の真偽については、p、q の真偽の 4（＝2^2）通りの組合せの場合に分けて調べます。

　また、3 つの命題 p、q、r からなる合成命題の真偽については p、q、r の真偽の 8（＝2^3）通りの組合せの場合に分けて調べます。これらの場合を表にしたものを**真理表**といいます。

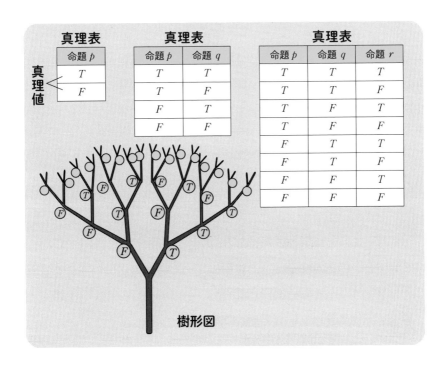

真理表

命題 p
T
F

真理表

命題 p	命題 q
T	T
T	F
F	T
F	F

真理表

命題 p	命題 q	命題 r
T	T	T
T	T	F
T	F	T
T	F	F
F	T	T
F	T	F
F	F	T
F	F	F

真理値

樹形図

まとめ　　**論理記号**：〜（でない）、∧（かつ）、∨（または）

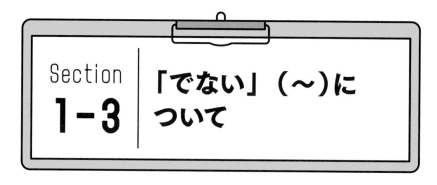

肯定の「である」に対し、「でない」という言葉は否定する際に使われます。日常でも「おまえは成人でない」のように使っていますが、**論理を考える上で否定ほど重要なものはない**といえます。

命題pの否定命題 $\sim p$

一般に、命題pに対しこれを打ち消した「pでない」という命題をpの**否定命題**といい $\sim p$ と書くことにします。

〔例〕「おまえは成人である」

を命題pとすれば、否定命題$\sim p$は

「おまえは成人でない」

となります。

命題pと否定命題$\sim p$の真偽

命題pとその否定命題$\sim p$の真偽については次のように決めることにします。

命題pが真のとき、$\sim p$ は偽

命題pが偽のとき、$\sim p$ は真

この決め方は**命題pと命題$\sim p$が同時に真になったり、同時に偽になったりすることはない**、という考え方に基づきます。

ただ、数学に慣れていない人は「命題の真偽については次のように

決めることにします」との表現にビックリしたかも知れません。しかし、**論理的に**物事を考えていく上で、どういうときに正しくて、どういうときに間違いであるかを決めておくことは大事です。

　最初の段階で決めておかないと、その後の議論で「何が正しくて、何が間違いなのか」がわからなくなってしまうからです。このような取り決め（**定義**といいます）は今後もいくつか出てきますが、取り決めたことは必ず守ってください。

　もちろん、取り決めに不都合が生じれば変えればいいだけのことです。取り決めを変えれば「新たな論理学」や「新たな数学」が作られるのです。論理学や数学は極めて柔軟な学問です。

最初にルールありき!!
そうじゃないと単なる
ボールの蹴り合いだ。

記号 T は「真」、記号 F は「偽」を表す

　命題 p の真偽とその否定命題 $\sim p$ の真偽は非常に大事な約束事です。このことを真理表で書くと下のようになります。ただし、**記号 T は真（true）、記号 F は偽（false）を表す**ものとします（§1−2）。

　なお、本書では命題 p の否定命題を $\sim p$ と書くことにしましたが、否定命題の記号は本や文献によってまちまちです。他によく使われる否定命題の記号としては $\bar{p}$、$\neg p$ などがあります。

p	$\sim p$
T	F
F	T

この表はしっかり
覚えておこう！

Section 1-4 ｜「かつ」（∧）について

　「かつ」という言葉は、冒頭でも「安くて旨い」という節で使いました。これは「安くて（かつ）、旨い」ということで、日常会話では「安い」ことと「旨い」ことが同時に成立していることを表しています。

命題　「pかつq」（$p \wedge q$）について

　2つの命題p、qに対して、pとqを「かつ」で結びつけた合成命題「pかつq」を**記号∧**を用いて$p \wedge q$と書くことにします。また、命題$p \wedge q$の真偽を次のように決めます。

命題p、qが共に真のとき真

命題p、qの少なくとも一方が偽のとき偽

このことを真理表で書くと、下のようになります。

p	q	$p \wedge q$
T	T	T
T	F	F
F	T	F
F	F	F

この表もしっかり覚えておこう！

　否定命題のときと同様に、「かつ」に対するこの決め方も日常会話における「かつ」の考え方とほぼ同じで違和感はありません。もちろん、別の真偽の決め方もあり得ますが、通常はこの決め方です。

（注）　$p \wedge q$を論理学では**合接**といいます（40ページ参照）。

44

〔例〕「太郎は人間であり、かつ、泳げる」

　これが真になるのは、「太郎は人間である」と「太郎は泳げる」の2つが同時に真のときです。一方だけが真の場合は、この命題は偽となります。なお、この表現は「かつ」を省いて

　「太郎は人間であり、泳げる」

とするのが普通です。

　「かつ」はカンマ「,」で代用されることもありますが、場合によってはカンマ「,」は次節で紹介する「または」（∨）の意味に使われることもあります。このため、誤解のおそれのあるときにはカンマ「,」の使用は避けたほうがよいでしょう。

〔例〕「次が応募の要件です。女性 , 成人 , スポーツ好き」

　　　このカンマ「 , 」は「かつ」の意味です。

　　「2次方程式 $x^2 - x = x(x-1) = 0$ の解は　0, 1 です」

　　　このカンマ「 , 」は「または」の意味です。

参考 　**国語辞典で「かつ」の意味を調べてみると**

「且つ」（広辞苑）
① 　2つの動作・状態が並行して同時に存在することを表す。
② 　ある動作・状態の上に他が加わることを表す。そのうえ、
　　……
③ 　……

プロローグ

やさしい論理学
第1章　論理を表で考える

やさしい論理学
第2章　論理を図形で考える

やさしい論理学
第3章　論理雑学

付録

Section 1-5 | 「または」（∨）について

「または」という言葉については、解釈に曖昧さがあるようです。たとえば「食後にコーヒー、または、紅茶のどちらにしますか」と飲食店で問われたら、通常は両方とも注文することはしません。

しかし、「コーヒーまたは紅茶のどちらがお好きですか」などと友人に問われたら「両方とも好きです」という答えもすんなり受け入れられそうです。

このように、「かつ」とは違い、日常の「または」については解釈に統一性が欠けるようです。言葉の解釈が状況や人によって変わってしまっては、互いの意思疎通や議論がむずかしくなります。

命題「pまたはq」（$p \lor q$）について

2つの命題p、qに対して、pとqを「または」で結びつけた合成命題「pまたはq」を**記号∨**を用いて$p \lor q$と書くことにします。また、

合成命題 $p \vee q$ の真偽を次のように決めます。

$p \vee q$ は少なくとも一方が真のとき真、共に偽のとき偽　……①

これを真理表で書くと下のようになります。

p	q	$p \vee q$
T	T	T
T	F	T
F	T	T
F	F	F

この表はしっかり
覚えておこう！

（注）　命題 $p \vee q$ について「p と q の一方だけが真のとき真、共に真のときは偽、共に偽のときも偽」……②　とする定義の仕方もあります。しかし、論理全体を眺めたときには、命題 $p \vee q$ の真偽を①で定義するほうが整合的（シックリくる）となるので、本書では①をもって命題 $p \vee q$ の真偽と決めることにします。②について詳しくは付録1参照。

　命題 $p \vee q$ の真偽を①で定義すると、冒頭の「コーヒーまたは紅茶のどちらがお好きですか」に対して「両方好き」と答えても間違いとはいえなくなります。日常会話におけるこのようなトラブルを防ぐには「コーヒー、または、紅茶のどちらにしますか。**ただし、どちらか一つにしてください**」と補足すればよいのです。

参考　国語辞典で「または」の意味を調べてみると

「または」（広辞苑）
これかあれかと並べて言う時に用いる語
① A・B… の少なくとも一方が成り立つの意。「父または母が来る」
② A・B… のどれか一つだけが成り立つの意。「一日二日または三日に行く」……

Section 1-6 | 論理的に同値

単一命題 p、q、r、……を論理記号で結びつければいろいろな合成命題を作ることができます。ここでは、こうして作られた2つの合成命題が等しいとはどういうことかを調べてみましょう。

論理的に同値

単一命題 p、q、r、……を使ってできる2つの合成命題をfとgとしてみましょう。このとき、fとgの真偽が、それに含まれる個々の命題 p、q、r、……の真偽にかかわらず一致するとき、2つの命題fとgは**論理的に同値**、または、単に**同値**、あるいは「**等しい**」といい、**記号＝**を用いて$f = g$と書くことにします。つまり、fとgは表現や見た目は違うけれど、論理の中身は同じということです

〔例 1〕命題 p と命題$\sim(\sim p)$は論理的に同値となります。

つまり、$p = \sim(\sim p)$　これを**二重否定の法則**といいます。このことを真理表を作成して確認しましょう。

[手順 1] 単一命題がpだけなので$2^1 = 2$行からなる真理表を作成します（タイトル行は除く）。

p	$\sim p$	$\sim(\sim p)$
T		
F		

プロローグ

やさしい論理学
第1章 論理を表で考える

やさしい論理学
第2章 論理を図形で考える

やさしい論理学
第3章 論理雑学

付録

手順2 命題 p の否定命題 $\sim p$ の真理値を書き込みます（§1−3）。

p	$\sim p$	$\sim(\sim p)$
T	F	
F	T	

手順3 命題 $\sim p$ の否定命題 $\sim(\sim p)$ の真理値を書き込みます。

p	$\sim p$	$\sim(\sim p)$
T	F	T
F	T	F

この真理表より、p と $\sim(\sim p)$ の真偽が一致し、$p = \sim(\sim p)$ であることがわかります。

〔例2〕単一命題 p、q、r、……から作られた合成命題 $p \wedge (q \wedge r)$ と命題 $(p \wedge q) \wedge r$ は論理的に同値となります。つまり、

$$p \wedge (q \wedge r) = (p \wedge q) \wedge r \quad \cdots\cdots ①$$

このことを真理表を作成して確認しましょう。

手順1 単一命題が p、q、r の3つなので $2 \times 2 \times 2 = 8$ 行からなる真理表を作成します（タイトル行は除く）。

p	q	r	$q \wedge r$	$p \wedge (q \wedge r)$	$p \wedge q$	$(p \wedge q) \wedge r$
T	T	T				
T	T	F				
T	F	T				
T	F	F				
F	T	T				
F	T	F				
F	F	T				
F	F	F				

手順2 命題 q と命題 r の真理値をもとに合成命題 $q \wedge r$ の真理値を書き込みます（§1−4）。

p	q	r	$q \wedge r$	$p \wedge (q \wedge r)$	$p \wedge q$	$(p \wedge q) \wedge r$
T	T	T	T			
T	T	F	F			
T	F	T	F			
T	F	F	F			
F	T	T	T			
F	T	F	F			
F	F	T	F			
F	F	F	F			

手順3 命題 p と合成命題 $q \wedge r$ の真理値をもとに合成命題 $p \wedge (q \wedge r)$ の真理値を書き込みます。

p	q	r	$q \wedge r$	$p \wedge (q \wedge r)$	$p \wedge q$	$(p \wedge q) \wedge r$
T	T	T	T	T		
T	T	F	F	F		
T	F	T	F	F		
T	F	F	F	F		
F	T	T	T	F		
F	T	F	F	F		
F	F	T	F	F		
F	F	F	F	F		

手順4 命題 p と命題 q の真理値をもとに合成命題 $p \wedge q$ の真理値を書き込みます。

p	q	r	$q \wedge r$	$p \wedge (q \wedge r)$	$p \wedge q$	$(p \wedge q) \wedge r$
T	T	T	T	T	T	
T	T	F	F	F	T	
T	F	T	F	F	F	
T	F	F	F	F	F	
F	T	T	T	F	F	
F	T	F	F	F	F	
F	F	T	F	F	F	
F	F	F	F	F	F	

手順5 合成命題 $p \wedge q$ と命題 r の真理値をもとに、合成命題 $(p \wedge q) \wedge r$ の真理値を書き込みます。

p	q	r	$q \wedge r$	$p \wedge (q \wedge r)$	$p \wedge q$	$(p \wedge q) \wedge r$
T	T	T	T	T	T	T
T	T	F	F	F	T	F
T	F	T	F	F	F	F
T	F	F	F	F	F	F
F	T	T	T	F	F	F
F	T	F	F	F	F	F
F	F	T	F	F	F	F
F	F	F	F	F	F	F

この表から $p \wedge (q \wedge r) = (p \wedge q) \wedge r$ であることがわかります。

（注）　論理や数学では（　）内の処理が優先されます。

同様にして、次の同値が成立します。

$$p \vee (q \vee r) = (p \vee q) \vee r \quad \cdots\cdots②$$

①（49ページ）や②の性質は**結合法則**と呼ばれています。このため、①、②は（　）なしで $p \wedge q \wedge r$、$p \vee q \vee r$ と書くことができます。

（注）小学校の数の計算でも、＋、×において結合法則が成り立つので、足し算において、$1+(2+3)$ を $1+2+3$ と、掛け算において、$2 \times (3 \times 4)$ を $2 \times 3 \times 4$ と書くことができます。このとき、どこから計算してもかまいません。

命題に関する分配法則

単一命題 p、q、r、……から作られた2つの合成命題 $p \wedge (q \vee r)$ と $(p \wedge q) \vee (p \wedge r)$ は論理的に同値となります。つまり、

$$p \wedge (q \vee r) = (p \wedge q) \vee (p \wedge r) \quad \cdots\cdots③$$

このことを真理表を作成して確認しましょう。

<u>手順1</u> 単一命題が p、q、r の3つなので $2 \times 2 \times 2 = 8$ 行からなる真理表を作成します（タイトル行は除く）。

p	q	r	$q \vee r$	$p \wedge (q \vee r)$	$p \wedge q$	$p \wedge r$	$(p \wedge q) \vee (p \wedge r)$
T	T	T					
T	T	F					
T	F	T					
T	F	F					
F	T	T					
F	T	F					
F	F	T					
F	F	F					

手順2 合成命題 $q \lor r$ の真理値を書き込みます（§1−5）。

p	q	r	$q \lor r$	$p \land (q \lor r)$	$p \land q$	$p \land r$	$(p \land q) \lor (p \land r)$
T	T	T	T				
T	T	F	T				
T	F	T	T				
T	F	F	F				
F	T	T	T				
F	T	F	T				
F	F	T	T				
F	F	F	F				
F	F	F	F				

手順3 命題 p と合成命題 $q \lor r$ の真理値をもとに合成命題 $p \land (q \lor r)$ の真理値を書き込みます。

p	q	r	$q \lor r$	$p \land (q \lor r)$	$p \land q$	$p \land r$	$(p \land q) \lor (p \land r)$
T	T	T	T	T			
T	T	F	T	T			
T	F	T	T	T			
T	F	F	F	F			
F	T	T	T	F			
F	T	F	T	F			
F	F	T	T	F			
F	F	F	F	F			

手順4 合成命題 $p \wedge q$ と $p \wedge r$ の真理値を書き込みます。

p	q	r	$q \vee r$	$p \wedge (q \vee r)$	$p \wedge q$	$p \wedge r$	$(p \wedge q) \vee (p \wedge r)$
T	T	T	T	T	T	T	
T	T	F	T	T	T	F	
T	F	T	T	T	F	T	
T	F	F	F	F	F	F	
F	T	T	T	F	F	F	
F	T	F	T	F	F	F	
F	F	T	T	F	F	F	
F	F	F	F	F	F	F	

手順5 合成命題 $p \wedge q$ と $p \wedge r$ の真理値をもとに、合成命題 $(p \wedge q) \vee (p \wedge r)$ の真理値を書き込みます。

p	q	r	$q \vee r$	$p \wedge (q \vee r)$	$p \wedge q$	$p \wedge r$	$(p \wedge q) \vee (p \wedge r)$
T	T	T	T	T	T	T	T
T	T	F	T	T	T	F	T
T	F	T	T	T	F	T	T
T	F	F	F	F	F	F	F
F	T	T	T	F	F	F	F
F	T	F	T	F	F	F	F
F	F	T	T	F	F	F	F
F	F	F	F	F	F	F	F

以上のことから、合成命題 $p \wedge (q \vee r)$ と $(p \wedge q) \vee (p \wedge r)$ は真偽が一致し、論理的に同値となり、③（52ページ）が成立することがわかります。

同様にして、合成命題 $p \vee (q \wedge r)$ と $(p \vee q) \wedge (p \vee r)$ も真偽が一致し、論理的に同値となることがわかります。

$$p \vee (q \wedge r) = (p \vee q) \wedge (p \vee r) \quad \cdots\cdots ④$$

これらの性質は**分配法則**と呼ばれています。

> **遊び** 下記の真理表の空欄に T か F を代入して分配法則④が成立することを確かめてみましょう。答えは付録 2 参照。

p	q	r	$q \wedge r$	$p \vee (q \wedge r)$	$p \vee q$	$p \vee r$	$(p \vee q) \wedge (p \vee r)$
T	T	T					
T	T	F					
T	F	T					
T	F	F					
F	T	T					
F	T	F					
F	F	T					
F	F	F					

> **まとめ**
>
> 二重否定：$p = \sim(\sim p)$
> つまり、二重否定はもとに戻る
>
> 結合法則：$p \wedge (q \wedge r) = (p \wedge q) \wedge r$
> $p \vee (q \vee r) = (p \vee q) \vee r$
>
> 分配法則：$p \wedge (q \vee r) = (p \wedge q) \vee (p \wedge r)$
> $p \vee (q \wedge r) = (p \vee q) \wedge (p \vee r)$

§0−2でとり上げた「安くて旨い」を否定するとどうなるのか。ここで、論理学としての答えを示すことができます。

（注）　厳密には「○○は安くて旨い」と書くべきですが、ここでは○○を省略します。

ド・モルガンの法則

命題の「否定」「かつ」「または」の真偽を§1−3〜§1−5のように決める（定義する）と、$p \wedge q$と$p \vee q$の否定については次の等式が成り立つことがわかります。

$$\sim (p \wedge q) = (\sim p) \vee (\sim q) \quad \cdots\cdots ①$$
$$\sim (p \vee q) = (\sim p) \wedge (\sim q) \quad \cdots\cdots ②$$

つまり、$p \wedge q$を否定するとp, qが共に否定され、「かつ」が「または」になります。また、$p \vee q$を否定するとp, qが共に否定され、「または」が「かつ」になります。面白い性質ですね。これを**ド・モルガンの法則**といいます。

なお、①の性質は下の真理表から確かめられます。

p	q	$p \wedge q$	$\sim (p \wedge q)$	$\sim p$	$\sim q$	$(\sim p) \vee (\sim q)$
T	T	T	F	F	F	F
T	F	F	T	F	T	T
F	T	F	T	T	F	T
F	F	F	T	T	T	T

遊び　次の真理表の空欄に T か F を代入してド・モルガンの法則②が成立することを確かめてみましょう。

p	q	$p \vee q$	$\sim(p \vee q)$	$\sim p$	$\sim q$	$(\sim p) \wedge (\sim q)$
T	T					
T	F					
F	T					
F	F					

なお、$p \vee q$ の真偽を「一方のみが真のとき真で、その他は偽」と決めたとき、ド・モルガンの法則はどうなるのでしょうか。興味がある方は付録1を参照してください。

ド・モルガンの法則を使ってみると

「安くて旨い」

の否定は論理学的には①より

「高いか、または、まずい」

ということになります。つまり、「安くて旨い」の否定の世界は

（イ）　安くてまずい

（ロ）　高くて旨い　　　　●

（ハ）　高くてまずい

の３つを表しています。

> 「安い」の否定は「安くない」ですが、ここでは「高い」としました。「旨い」の否定は「旨くない」ですが、ここでは「まずい」としました。

日常会話では「安くて旨い」の否定は「高くてまずい」と捉えられがちです。つまり、（ハ）の世界を意味しています。これは「かつ」、「または」という言葉と「否定」の意味が日常会話では厳密に定義されていないために生じることです。

曖昧なまま生活しているとトラブルが生じかねません。日常使われている言葉の危険性を感じます。

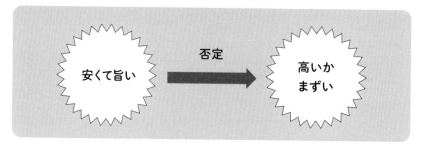

まとめ　$\sim(p\wedge q)=(\sim p)\vee(\sim q)$ ……①

$\sim(p\vee q)=(\sim p)\wedge(\sim q)$ ……②

参考　ド・モルガンの法則の覚え方

　論理学では命題 p の否定を表す記号は「$\sim p$」に限りません。その他に「$\neg p$」や「$\overline{p}$」などいろいろあります。バー「￣」を使うとド・モルガンの法則は次のような図で覚えることができます。

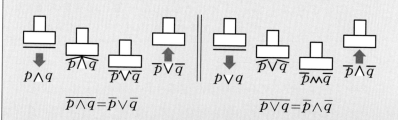

$$\overline{p\wedge q}=\overline{p}\vee\overline{q} \qquad\qquad \overline{p\vee q}=\overline{p}\wedge\overline{q}$$

　なお、ド・モルガンの法則のド・モルガンとはイギリスの数学者オーガスタス・ド・モルガン（Augustus de Morgan, 1806 ～ 1871）のことです。

プ
ロ
ロ
ー
グ

やさしい論理学
第1章 論理を表で考える

やさしい論理学
第2章 論理を図形で考える

やさしい論理学
第3章 論理雑学

付
録

Section 1-8 | 「ならば」（→）について

「**ならば**」という言葉も、日常で頻繁に使われています。私たちが、物事を考えるときに絶対に欠かせない言葉です。たとえば「明日晴れならば友達が遊びに来る」「遅刻したならばクビだ」……。いくらでもあります。ここではこの「ならば」を調べてみましょう。

合成命題「pならばq」（$p \to q$）について

2つの命題p、qに対してpとqを「ならば」で結びつけた合成命題「pならばq」を**条件文**といい、**記号→**を用いて$p \to q$と書くことにします。

「pならばq」ということは、「pであれば必ずqである」、つまり、「pであってqでないことはない」と考えられます。そこで、このことを踏まえて合成命題$p \to q$を「かつ（∧）」と「否定（～）」を使って次のように定義します。

$$p \to q \underset{定義}{\equiv} \sim(p \wedge (\sim q)) \quad \cdots\cdots ①$$

ここで、$\sim(p \wedge (\sim q))$と$(\sim p) \vee q$の真理表を作成してみると、次のようになります。

p	q	$\sim p$	$\sim q$	$p \wedge (\sim q)$	$\sim(p \wedge (\sim q))$	$(\sim p) \vee q$
T	T	F	F	F	T	T
T	F	F	T	T	F	F
F	T	T	F	F	T	T
F	F	T	T	F	T	T

すると、この表より、2つの合成命題 $\sim(p\wedge(\sim q))$ と $(\sim p)\vee q$ は真偽が一致していることがわかります。したがって、この2つは論理的に同値であり、次の式が成立します。

$$\sim(p\wedge(\sim q)) = (\sim p)\vee q \quad \cdots\cdots ②$$

（注）②はド・モルガンの法則（§1−7）と二重否定の法則（§1−6）からも簡単に導かれます。

$$\sim(p\wedge(\sim q)) = (\sim p)\vee\{\sim(\sim q)\} = (\sim p)\vee q$$

したがって、②と①より、

$$p\to q = \sim(p\wedge(\sim q)) = (\sim p)\vee q \quad \cdots\cdots ③$$

となります。「p ならば q」の意味を「p であって、かつ、q でないことはない」と決めると、これは「p でない、または、q」と同じことです。これが、論理学における「ならば」の意味なのです。否定「$\sim$」と、かつ「$\wedge$」の真偽を §1−3、§1−4 のように、きわめて自然に決めたことから出てきた結論です。

命題 $p\to q$ を①と定義したことにより $p\to q$ の真理表は前ページの真理表より、右のようになります。これはすごく大事にしてください。この真理表によると、次のことがわかります。

p	q	$p\to q$
T	T	T
T	F	F
F	T	T
F	F	T

（イ）　p が真で、q が真であれば、「p ならば q」は真

（ロ）　p が真で、q が偽であれば、「p ならば q」は偽

（ハ）　p が偽であれば、q が真でも偽でも、「p ならば q」は真

（イ）、（ロ）は日常会話での解釈と一致しますが、（ハ）については戸惑います。なぜならば、私たちは「p ならば q」という考えをするとき、p が偽であることをあまり想定していないからです。

しかし、$p\to q$ を $\sim(p\wedge(\sim q))$ で定義し、「かつ（$\wedge$）」と「否定

（～）」を§1−3、§1−4のように定義すれば（ハ）を認めるしかありません。これが論理的に物事を決めていくということです。

　それに、よく考えてみると（ハ）の考えはそれほど奇異でもありません。日常会話でも普通に使っているともいえます。たとえば、

　「宝くじの1等に当たったら、君に高級車をプレゼントするよ」

　「僕が超能力をもっていれば、僕は月と地球をくっつけてみせる」

　「…………」

　いずれも、前提が真とは考えられないことだから、結論が実現可能でも不可能でも、つまり、真でも偽でも、このような表現が許されるのでしょう。

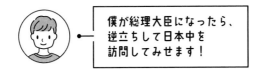

僕が総理大臣になったら、
逆立ちして日本中を
訪問してみせます！

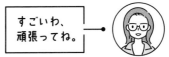

すごいわ、
頑張ってね。

まとめ

$$p \to q \underset{\text{定義}}{\equiv} \sim(p \land (\sim q)) = (\sim p) \lor q$$

p	q	$p \to q$
T	T	T
T	F	F
F	T	T
F	F	T

　条件文「pならばq」は、ものごとを論理的に考えるときには最も基本となるものです。

　ここでは、この条件文「pならばq」に対して、

　①pとqの順を入れ替える……「qならばp」

　②pとqを否定する……「pでないならば、qでない」

　③入れ替えた上で、否定する……「qでないならば、pでない」

などの操作をしてできる条件文についていろいろと調べてみることにしましょう。

逆、裏、対偶について

　条件文「$p \to q$」に対して、その**「逆」「裏」「対偶」という3つの命題を次のように定めます**。

　　(1) **逆**　　　$q \to p$

　　(2) **裏**　　　$(\sim p) \to (\sim q)$

　　(3) **対偶**　　$(\sim q) \to (\sim p)$

〔例〕「晴れていれば、遠足に行く」の「逆」「裏」「対偶」は各々次のようになります。

　　逆：遠足に行くならば、晴れている

　　裏：晴れていなければ、遠足に行かない

対偶：遠足に行かなければ、晴れてない

逆、裏、対偶と同値について

条件文 $p \to q$ と、これに対する、

逆　　$q \to p$

裏　　$(\sim p) \to (\sim q)$

対偶　$(\sim q) \to (\sim p)$

の真理表を作成してみましょう。その際に使うのは次の2つの真理表です。

p	$\sim p$
T	F
F	T

p	q	$p \to q$
T	T	T
T	F	F
F	T	T
F	F	T

　すると次の真理表ができあがります。この表は重要な情報を私たちに提供してくれています。

p	q	$\sim p$	$\sim q$	$p \to q$	$q \to p$	$(\sim p) \to (\sim q)$	$(\sim q) \to (\sim p)$
T	T	F	F	T	T	T	T
T	F	F	T	F	T	T	F
F	T	T	F	T	F	F	T
F	F	T	T	T	T	T	T

　この表からわかるように、もとの条件文 $p \to q$ と、その逆 $q \to p$ とは真偽が一致していません。それゆえ、$p \to q$ が真であってもその逆 $q \to p$ が真とは限らないのです。

　同じく、この表からわかるようにもとの条件文 $p \to q$ と、その裏

$(\sim p) \to (\sim q)$とは真偽が一致していません。それゆえ、$p \to q$が真であってもその裏$(\sim p) \to (\sim q)$が真とは限らないのです。

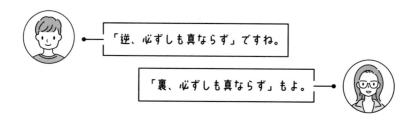

「逆、必ずしも真ならず」ですね。

「裏、必ずしも真ならず」もよ。

ところが、もとの条件文$p \to q$と対偶$(\sim q) \to (\sim p)$とは真偽がピッタリ一致しています。つまり、もとの条件文$p \to q$と対偶は論理的に同値なのです。

$$p \to q = (\sim q) \to (\sim p)$$

したがって、条件文$p \to q$の真偽を考えるときには、この対偶の真偽を考えてもよいことになります。

なお、$p \to q$の逆は$q \to p$ですが、$q \to p$の逆は$p \to q$となります。このように、**逆、裏、対偶はお互いに逆、裏、対偶の関係にある**のです。これは論理を扱う上ですごく大事なことですので、次ページの図を頭に入れておくといいでしょう。

それにしても、「逆」はともかく、「対偶」とか「裏」という名前は日常の言葉とだいぶかけ離れているように思えます。とくに「対偶」はよそよそしすら感じます。しかし、国語辞典でこれらの言葉の意味を調べてみると、意外に、親近感が湧いてくるのです。

国語辞典によると、「対偶」には「二つで一揃いのもの」「つれあい」「配偶」「夫婦」などの意味があります。とくに、『新明解 国語辞典』（三省堂）で「対偶」を調べてみると、「対偶の対偶はもとの命題であり、結局両者の真偽は一致するので、**二つで一揃いと見なして対偶と呼ぶ**」

（一部抜粋）と記されています。まさしく対偶同士は仲のいい夫婦であり、一心同体となっているのです。

　また、「裏」も国語辞典で調べてみると、「表とは反対になる側」「見えない方」などの意味があります。pの裏側（反対側）を否定$\sim p$と考え、qの裏側（反対側）を否定$\sim q$と考えることにすれば、

$$(\sim p) \to (\sim q) \quad を \quad p \to q \quad の裏$$

と名付けることにも納得します。

（注）　日常会話で使われる「逆」はここで紹介した逆とは必ずしも一致しません。極端な場合「言い換えれば」とか「したがって」という意味で使われることもあるようです。このとき、「それは逆ではない」と目くじらを立てても無駄ですから、日常会話では冷静に相手の真意を読み取ることが大事です。

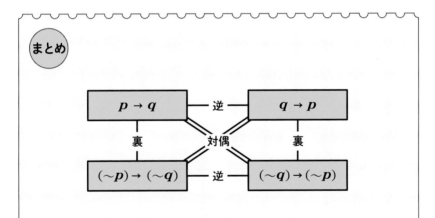

まとめ

$p \to q$	逆	$q \to p$
裏	対偶	裏
$(\sim p) \to (\sim q)$	逆	$(\sim q) \to (\sim p)$

対偶同士は同値。つまり、真偽が一致する。
逆、裏同士は真偽が必ずしも一致しない。

参考 「ならば」と因果関係・時間差

　日常会話としての「ならば」は、因果関係や時間的前後関係を表現する際にもよく使われます。しかし、論理学で使われる条件文「ならば」は因果関係や時間的前後関係を基本的には考慮していません。それは、私たちの普段の日常生活よりも広い立場から条件文「ならば」の意味づけをしたかったからです（§1−8）。その結果、因果関係や時間的前後関係のある日常会話の「ならば」を論理学の俎上（そじょう）に乗せると奇異に感じることがあります。

　たとえば、日常会話の

　　　「喉（のど）が渇いた**ならば**水を飲む」……①

を考えてみましょう。これは、「喉が渇いたので水を飲む」と考えれば因果関係を、また、「喉が渇いたので、その後、水を飲む」と考えれば時間的前後関係を表していると解釈できます。

　それでは、①を論理学のまな板に乗せたらどうなるのでしょうか。論理学では条件文「p ならば q」と「q でないならば p でない」はお互いに**対偶**であり、表現は違うけれど同じことを主張していると考えます。すると、この論理に乗せて①の対偶を考えると、

　　　「水を飲まない**ならば**喉が渇いていない」……②

となります。しかし、これは、奇異な表現で①と同じことを意味していると解釈するには、ちょっと無理があります。そこで、①を論理学のまな板に乗せて解釈するときには因果関係がないように、時間の前後関係がないように解釈すれば、それなりに解決します。たとえば、「状態」に着目すれば、②は「水を飲まない状態**ならば**喉が渇いていない状態である」とすると、①と同じ意味合いが出てきます。

プロローグ

やさしい論理学
第1章 論理を表で考える

やさしい論理学
第2章 論理を図形で考える

やさしい論理学
第3章 論理雑学

付録

日常会話に論理を使ってみる

　日常会話では「p のみ q である」という表現はよく使われます。たとえば、「18 歳以上のみ申し込みができる」「女性のみ参加できる」などです。この「p のみ q である」は、ここまでのページでは扱いませんでした。そこで、今まで学んだ論理学をうまく使って日常会話の「p のみ q である」を料理してみることにしましょう。

　「18 歳以上のみ申し込みができる」は「18 歳以上でなければ申し込みができない」と解釈できそうです。また、「女性のみ参加できる」は「女性でなければ参加できない」と解釈できそうです。つまり、

　　　「p のみ q である」とは「p でないならば q でない」

と解釈できそうです。**「p でないならば q でない」は論理学によるところの対偶である「q ならば p」と同じこと**です。したがって、

　　　「p のみ q である」とは「q ならば p」

のことだと考えたらどうか、ということです。

（注）　以上のことから、§2−11 を使うと「p のみ q である」ということは p は q の必要条件（q は p の十分条件）であると解釈できます。

　このように考えることこそ、学んだ論理学を日常会話に応用して使ってみるということなのです。

Section 1-10 | 双方向の「ならば」（↔）について

　ここでは「pならばq」とその逆の「qならばp」いう命題を「かつ（∧）」で結びつけたらどんな命題になるかを調べてみましょう。

命題 $p \leftrightarrow q$ について

　2つの命題p、qに対して条件文$p \to q$と条件文$q \to p$を論理記号「かつ（∧）」で結びつけた合成命題$(p \to q) \land (q \to p)$を**双条件文**といい、**記号$p \leftrightarrow q$**で表すことにします。すると、命題$p \leftrightarrow q$、つまり、$(p \to q) \land (q \to p)$の真理表は次のようになります。

p	q	$p \to q$	$q \to p$	$(p \to q) \land (q \to p)$
T	T	T	T	T
T	F	F	T	F
F	T	T	F	F
F	F	T	T	T

　このことから、双条件文$p \leftrightarrow q$が真になるのは次の場合です。

　　・命題p、qが共に真のときと、共に偽のとき

また、双条件文$p \leftrightarrow q$が偽になるのは次の場合です。

　　・命題p、qの真偽が異なるとき

この性質は後で使いますから、記憶に留めておいてください。

まとめ　$p \leftrightarrow q \underset{\text{定義}}{\equiv} (p \to q) \land (q \to p)$

Section 1-11 | トートロジーと矛盾命題

単一命題 p、q、r、……から作られる合成命題は実にいろいろです。しかしその中には、個々の単一命題 p、q、r、……の真偽にかかわらず、**いつでも真になったり、いつでも偽になったりする合成命題**があるのです。ここでは、このような特殊な合成命題について調べてみましょう。

トートロジー

単一命題 p、q、r、……から作られた合成命題を次のように書くことにしましょう。

$$f(p,\ q,\ r,\ \cdots) \quad \cdots\cdots \quad \text{命題}\,p,\ q,\ r,\ \text{……から作られた合成命題}$$

今、命題 p、q、r、……から作られたある合成命題 $f(p,\ q,\ r,\ \cdots)$ が命題 p、q、r、……の真偽にかかわらず、いつでも真であるとき、この合成命題 $f(p,\ q,\ r,\ \cdots)$ は**恒真命題**とか**トートロジー**であるといいます。トートロジーである命題を**記号 I** で表すことがあります。

〔例〕 次の命題はトートロジーです。つまり、p、q の真偽にかかわらずいつでも真となる命題です。

(1)　$p \vee (\sim p)$ 　　　(2)　$\{\sim(p \wedge q)\} \vee \{(\sim p) \vee q\}$

(1) の $p \vee (\sim p)$ については右の真理表からトートロジーであることがわかります。つまり、

$$\{p \vee (\sim p)\} = I$$

p	$\sim p$	$p \vee (\sim p)$
T	F	$\boldsymbol{T}$
F	T	$\boldsymbol{T}$

たとえば、p として「太郎は男である」を当てはめると $p \vee (\sim p)$ は

「太郎は男かまたは男でない」となります。この例からわかるように、**トートロジー**は感覚的には「そんなの当然だよ」ということになります。

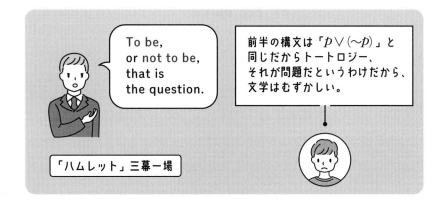

> To be,
> or not to be,
> that is
> the question.

> 前半の構文は「$p \vee (\sim p)$」と同じだからトートロジー、それが問題だというわけだから、文学はむずかしい。

「ハムレット」三幕一場

遊び1 先の〔例〕の (2) の$\{\sim(p \wedge q)\} \vee \{(\sim p) \vee q\}$がトートロジーであることを下の表の空欄に T, F を入れることによって確かめてみましょう。答えは付録2を参照してください。

p	q	$\sim p$	$\sim(p \wedge q)$	$(\sim p) \vee q$	$\{\sim(p \wedge q)\} \vee \{(\sim p) \vee q\}$
T	T				
T	F				
F	T				
F	F				

(注) 今までの知識（ド・モルガンの法則など）をもとに式変形しても、(2) がトートロジーであることを導き出せます。むずかしいと感じたら無視してください。

$$\{\sim(p \wedge q)\} \vee \{(\sim p) \vee q\} = \{(\sim p) \vee (\sim q)\} \vee \{(\sim p) \vee q\}$$
$$= (\sim p) \vee (\sim q) \vee (\sim p) \vee q$$
$$= (\sim p) \vee (\sim q) \vee q \qquad (r \vee r = r \text{なので})$$
$$= (\sim p) \vee I$$
$$= I$$

矛盾命題

単一命題p、q、r、……から作られた合成命題$f(p, q, r, \cdots)$が**命題p、q、r、……の真偽にかかわらずいつでも偽であるとき、この**$f(p, q, r, \cdots)$は**矛盾命題**であるといいます。矛盾命題である命題を**記号O**（オー）で表すことがあります。

〔例〕 次の命題は矛盾命題です。

(1)　$p \wedge (\sim p)$　　(2)　$(p \vee q) \wedge \{(\sim p) \wedge (\sim q)\}$

(1) の$p \wedge (\sim p)$については下の真理表から矛盾命題であることがわかります。

p	$\sim q$	$p \wedge (\sim p)$
T	F	F
F	T	F

つまり、

$$\{p \wedge (\sim p)\} = O$$

たとえば、pとして「太郎は男である」を当てはめると$p \wedge (\sim p)$は「太郎は男であり、かつ、男でない」となります。この例からわかるように、**矛盾命題は感覚的には「そんなの成り立つわけない」とか「そんなバカな」いうこと**になります。

遊び2 先の〔例〕の (2) の$(p \vee q) \wedge \{(\sim p) \wedge (\sim q)\}$がトートロジーであることを下記の表の空欄に T、F を入れることによって確かめてみましょう。答えは付録 2 を参照してください。

p	q	$\sim p$	$\sim q$	$p \vee q$	$(\sim p) \wedge (\sim q)$	$(p \vee q) \wedge \{(\sim p) \wedge (\sim q)\}$
T	T					
T	F					
F	T					
F	F					

（注）　今までの知識（ド・モルガンの法則など）をもとに式変形しても、(2) が矛盾命題であることを導き出すことができます。むずかしいと感じたら無視してください。

$$(p \vee q) \wedge \{(\sim p) \wedge (\sim q)\} = (p \vee q) \wedge \{\sim (p \vee q)\}$$
$$= r \wedge (\sim r)$$
$$= O \qquad \text{ただし、} r = p \vee q$$

トートロジー、矛盾命題を否定すると

　合成命題$f(p, q, r, \cdots)$がトートロジーであるということは単一命題p、q、r、……の真偽にかかわらず、いつでも真であるということです。したがって、$f(p, q, r, \cdots)$を否定した$\sim f(p, q, r, \cdots)$は単一命題p、q、r、……の真偽にかかわらず、いつでも偽であるということです。したがって、**トートロジーを否定した命題は矛盾命題になる**のです。同様に考えて、**矛盾命題を否定した命題はトートロジーになる**のです。当たり前といえば当たり前ですね。まとめると、

$f(p, q, r, \cdots)$がトートロジーなら$\sim f(p, q, r, \cdots)$は矛盾命題

$f(p, q, r, \cdots)$が矛盾命題なら$\sim f(p, q, r, \cdots)$はトートロジー

　このことを記号化すれば、　$\sim I = O$、　$\sim O = I$　と書けます。

Section **1-11** トートロジーと矛盾命題

〔例〕命題「$p \vee (\sim p)$」はトートロジーです。これを否定してみると、ド・モルガンの法則（§1−7）より、

$$\sim \{p \vee (\sim p)\} = (\sim p) \wedge \sim (\sim p) = (\sim p) \wedge p$$

を得ます。これは矛盾命題です。

　命題「$p \wedge (\sim p)$」は矛盾命題です。これを否定してみると、ド・モルガンの法則（§1−7）より、

$$\sim \{p \wedge (\sim p)\} = (\sim p) \vee \sim (\sim p) = (\sim p) \vee p$$

を得ます。これはトートロジーです。

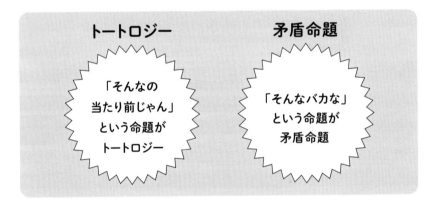

トートロジー　　　　　　矛盾命題

「そんなの
当たり前じゃん」
という命題が
トートロジー

「そんなバカな」
という命題が
矛盾命題

まとめ　恒真命題（トートロジー）：いつでも真である命題
矛盾命題：いつでも偽である命題
$\sim$（恒真命題）＝矛盾命題 、$\sim$（矛盾命題）＝恒真命題

プロローグ

やさしい論理学
第1章　論理を表で考える

やさしい論理学
第2章　論理を図形で考える

やさしい論理学
第3章　論理雑学

付録

Section 1-12 記号「⇒」について

単一命題 p、q、r、……から作られた2つの合成命題を

$$f(p,\ q,\ r,\ \cdots)、\ g(p,\ q,\ r,\ \cdots)$$

とします。このとき、条件文

$$f(p,\ q,\ r,\ \cdots) \to g(p,\ q,\ r,\ \cdots) \quad \cdots\cdots①$$

がトートロジーであるとき、つまり、命題 p、q、r、……の真偽にかかわらず、いつでも①が真であるとき、**記号⇒**を使って、①を

$$f(p,\ q,\ r,\ \cdots) \Rightarrow g(p,\ q,\ r,\ \cdots) \quad \cdots\cdots②$$

と書き、$f(p,\ q,\ r,\ \cdots)$ は $g(p,\ q,\ r,\ \cdots)$ を**導く**といいます。

$f(p,\ q,\ r,\ \cdots) \Rightarrow g(p,\ q,\ r,\ \cdots)$ の意味

$f(p,\ q,\ r,\ \cdots) \to g(p,\ q,\ r,\ \cdots)$ がトートロジー、つまり、いつでも真であるということは、単一命題 p、q、r、……の真偽にかかわらず

「$f(p,\ q,\ r,\ \cdots)$ が偽である」か、または

「$f(p,\ q,\ r,\ \cdots)$ と $g(p,\ q,\ r,\ \cdots)$ が共に真である」

ということです（§1−8）。したがって、

$$f(p,\ q,\ r,\ \cdots) \Rightarrow g(p,\ q,\ r,\ \cdots)$$

においては $f(p,\ q,\ r,\ \cdots)$ が真のときには $g(p,\ q,\ r,\ \cdots)$ は必ず真となります。

（注）　$f(p,\ q,\ r,\ \cdots) \to g(p,\ q,\ r,\ \cdots)$ …① は単なる命題ですが
　　　$f(p,\ q,\ r,\ \cdots) \Rightarrow g(p,\ q,\ r,\ \cdots)$ …② は①がつねに真であるということ、
　　　つまり命題の特徴を主張しています。

〔例〕 次の条件文はトートロジーです。

(1) $(p \wedge q) \rightarrow p$ (2) $\{(p \rightarrow q) \wedge (\sim q)\} \rightarrow (\sim p)$

(3) $\{(p \vee q) \wedge (\sim p)\} \rightarrow q$

(4) $\{(p \rightarrow q) \wedge (q \rightarrow r)\} \rightarrow (p \rightarrow r)$ … 仮言三段論法

たとえば、(1)、(2) がトートロジーであることは次の真理表から
わかります。

(1)

p	q	$p \wedge q$	$(p \wedge q) \rightarrow p$
T	T	T	T
T	F	F	T
F	T	F	T
F	F	F	T

(2)

p	q	$\sim p$	$\sim q$	$p \rightarrow q$	$(p \rightarrow q) \wedge (\sim q)$	$\{(p \rightarrow q) \wedge (\sim q)\} \rightarrow (\sim p)$
T	T	F	F	T	F	T
T	F	F	T	F	F	T
F	T	T	F	T	F	T
F	F	T	T	T	T	T

遊び 先の例の (3)、(4) がトートロジーであることを真理表を
作成して確かめてみましょう。なお、答えは付録2を参照
してください。

(3) $\{(p \vee q) \wedge (\sim p)\} \rightarrow q$

p	q	$\sim p$	$p \vee q$	$(p \vee q) \wedge (\sim p)$	$\{(p \vee q) \wedge (\sim p)\} \rightarrow q$
T	T				
T	F				
F	T				
F	F				

(4)　$\{(p \to q) \land (q \to r)\} \to (p \to r)$

p	q	r	$p \to q$	$q \to r$	$(p \to q) \land (q \to r)$	$p \to r$	$\{(p \to q) \land (q \to r)\} \to (p \to r)$
T	T	T					
T	T	F					
T	F	T					
T	F	F					
F	T	T					
F	T	F					
F	F	T					
F	F	F					

以上のことから (1) ～ (4) は次のように書き換えることができます。

(1)　$(p \land q) \Rightarrow p$

(2)　$\{(p \to q) \land (\sim q)\} \Rightarrow (\sim p)$

(3)　$\{(p \lor q) \land (\sim p)\} \Rightarrow q$

(4)　$\{(p \to q) \land (q \to r)\} \Rightarrow (p \to r)$　… 仮言三段論法

まとめ　$f(p, q, r, \cdots) \to g(p, q, r, \cdots)$ が $p, q, r, \cdots\cdots$ の真偽にかかわらず、つねに真のとき

$$f(p, q, r, \cdots) \Rightarrow g(p, q, r, \cdots) \text{と書く}$$

$f(p, q, r, \cdots) \Rightarrow g(p, q, r, \cdots)$ では f が真なら g は必ず真

Section 1-13 | 記号「⇔」について

　単一命題 p、q、r、……から作られた2つの合成命題を

$$f(p,\ q,\ r,\ \cdots)、\ g(p,\ q,\ r,\ \cdots)$$

とします。このとき、双条件文

$$f(p,\ q,\ r,\ \cdots)\leftrightarrow g(p,\ q,\ r,\ \cdots)\quad\cdots\cdots①$$

がトートロジーであれば、つまり、単一命題 p、q、r、……の真偽に
かかわらず、いつでも①が真であれば、**記号⇔**を使って、①を

$$f(p,\ q,\ r,\ \cdots)\Leftrightarrow g(p,\ q,\ r,\ \cdots)\quad\cdots\cdots②$$

と書くことにします。①は

$$\{f(p,\ q,\ r,\ \cdots)\rightarrow g(p,\ q,\ r,\ \cdots)\}\wedge\{g(p,\ q,\ r,\ \cdots)\rightarrow f(p,\ q,\ r,\ \cdots)\}$$
$$\cdots\cdots③$$

のことです（§1−10）。したがって、①、つまり③がトートロジー
であるということは

$$f(p,\ q,\ r,\ \cdots)\rightarrow g(p,\ q,\ r,\ \cdots)と g(p,\ q,\ r,\ \cdots)\rightarrow f(p,\ q,\ r,\ \cdots)$$

が共に単一命題 p、q、r、……の真偽にかかわらずいつでも真である
ことを意味します。したがって、

$$f(p,\ q,\ r,\ \cdots)\Leftrightarrow g(p,\ q,\ r,\ \cdots)$$

は次のように書き換えられます。

$$f(p,\ q,\ r,\ \cdots)\Rightarrow g(p,\ q,\ r,\ \cdots)$$
$$かつ$$
$$g(p,\ q,\ r,\ \cdots)\Rightarrow f(p,\ q,\ r,\ \cdots)$$

$f(p, q, r, \cdots) \Leftrightarrow g(p, q, r, \cdots)$と論理的同値

$f(p, q, r, \cdots) \leftrightarrow g(p, q, r, \cdots)$がトートロジーであるということは単一命題$p$、$q$、$r$、……の真偽にかかわらず

$$f(p, q, r, \cdots) \leftrightarrow g(p, q, r, \cdots)$$

がいつでも真ということです。ということは単一命題p、q、r、……の真偽にかかわらず2つの合成命題$f(p, q, r, \cdots)$、$g(p, q, r, \cdots)$の真偽が完全に一致しているということです（§1−10）。これは、2つの合成命題$f(p, q, r, \cdots)$、$g(p, q, r, \cdots)$が論理的に同値（§1−6）であることを意味します。つまり、$f(p, q, r, \cdots) = g(p, q, r, \cdots)$

そこで、$f \Leftrightarrow g$のときfとgは同値であるということにします。

〔例〕 次の双条件文はトートロジーです。

(1)　$\{(p \wedge q) \to r\} \leftrightarrow (p \to (q \to r))$

(2)　$\{\sim(p \leftrightarrow q)\} \leftrightarrow \{(\sim(p \to q)) \vee (\sim(q \to p))\}$

(3)　$\{(p \to q) \wedge (p \to r)\} \leftrightarrow \{p \to (q \wedge r)\}$

以下に上記の例の (1)、(2) について確かめてみましょう。

(1) について

p	q	r	$p \wedge q$	$(p \wedge q) \to r$	$q \to r$	$p \to (q \to r)$
T	T	T	T	T	T	T
T	T	F	T	F	F	F
T	F	T	F	T	T	T
T	F	F	F	T	T	T
F	T	T	F	T	T	T
F	T	F	F	T	F	T
F	F	T	F	T	T	T
F	F	F	F	T	T	T

よって　$(p \wedge q \to r) \Leftrightarrow (p \to (q \to r))$

(2) について

p	q	$p \leftrightarrow q$	$\sim(p \leftrightarrow q)$	$\sim(p \to q)$	$\sim(q \to p)$	$(\sim(p \to q)) \vee$ $(\sim(q \to p))$
T	T	T	F	F	F	F
T	F	F	T	T	F	T
F	T	F	T	F	T	T
F	F	T	F	F	F	F

よって、$\{\sim(p \leftrightarrow q)\} \Leftrightarrow \{(\sim(p \to q)) \vee (\sim(q \to p))\}$

遊び 先の例の (3) がトートロジーであることを真理表を作成して確かめてみましょう。なお、答えは付録 2 を参照してください。

(3) について

p	q	r	$p \to q$	$p \to r$	$(p \to q) \wedge (p \to r)$	$q \wedge r$	$p \to (q \wedge r)$
T	T	T					
T	T	F					
T	F	T					
T	F	F					
F	T	T					
F	T	F					
F	F	T					
F	F	F					

まとめ 次の (イ)、(ロ) の 2 つは同じことです。

(イ) $f(p, q, r, \cdots) \Leftrightarrow g(p, q, r, \cdots)$ (双条件文がトートロジー)

(ロ) $f(p, q, r, \cdots) = g(p, q, r, \cdots)$ (論理的に同値)

Section 1-14 | 論理のおおもとは「でない」と「かつ」だけなんだ

　本書では5つの論理記号「でない」（～）、「かつ」（∧）、「または」（∨）、「ならば」（→）、双方向の「ならば」（↔）を紹介しました。しかし、→と↔については下の式のように「でない」（～）、「かつ」（∧）のみを使って定義されています。

$$p \to q \underset{定義}{=} \sim(p \wedge (\sim q))$$

$$p \leftrightarrow q \underset{定義}{=} (p \to q) \wedge (q \to p) = \{\sim(p \wedge (\sim q))\} \wedge \{\sim(q \wedge (\sim p))\}$$

　このことから「でない」（～）、「かつ」（∧）、「または」（∨）の3つがおおもとになって論理が作られていることになります。それでは、この3つを2つに絞ることはできないのでしょうか。

「否定」（～）、「かつ」（∧）で他の論理記号が表せる

　命題の「否定」「かつ」「または」の真偽を§1-3 ～ §1-5のように決める（定義する）と、$p \wedge q$と$p \vee q$の否定については次のド・モルガンの法則が成り立ちます。

$$\sim(p \wedge q) = (\sim p) \vee (\sim q) \quad \cdots\cdots①$$
$$\sim(p \vee q) = (\sim p) \wedge (\sim q) \quad \cdots\cdots②$$

②の両辺を否定すると

$$\sim(\sim(p \vee q)) = \sim\{(\sim p) \wedge (\sim q)\}$$

二重否定はもとに戻るので、

$$p \lor q = \sim\{(\sim p) \land (\sim q)\}$$

となります。このことは**「または」（∨）が「でない」（〜）と「かつ」（∧）で表現される**ことを意味します。

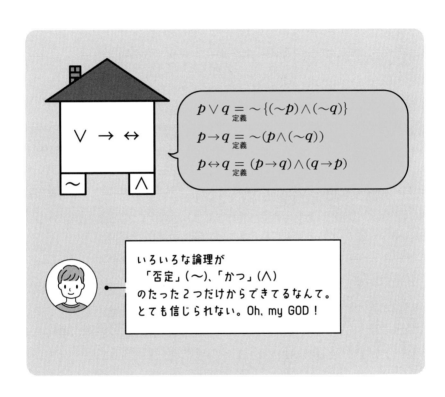

$$p \lor q \underset{\text{定義}}{=} \sim\{(\sim p) \land (\sim q)\}$$

$$p \to q \underset{\text{定義}}{=} \sim(p \land (\sim q))$$

$$p \leftrightarrow q \underset{\text{定義}}{=} (p \to q) \land (q \to p)$$

いろいろな論理が
「否定」（〜）、「かつ」（∧）
のたった2つだけからできてるなんて。
とても信じられない。Oh, my GOD！

「否定」（〜）、「または」（∨）で他の論理記号が表せる

前ページの①の両辺を否定すると

$$\sim(\sim(p \land q)) = \sim\{(\sim p) \lor (\sim q)\}$$

二重否定はもとに戻るので、

$$p \land q = \sim\{(\sim p) \lor (\sim q)\}$$

となります。このことは「かつ」（∧）が、「でない」（〜）と「または」（∨）の2つで表現されることを意味します。

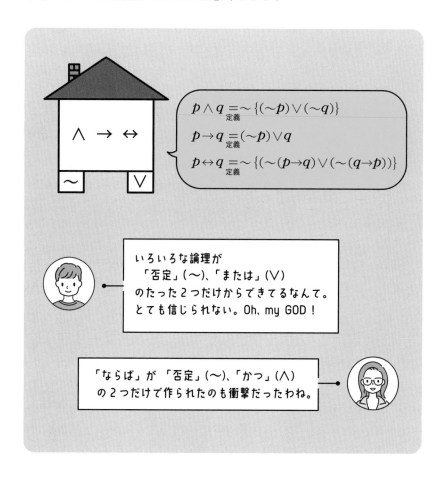

$$p \land q \underset{定義}{=} \sim\{(\sim p)\lor(\sim q)\}$$

$$p \to q \underset{定義}{=} (\sim p)\lor q$$

$$p \leftrightarrow q \underset{定義}{=} \sim\{(\sim(p\to q)\lor(\sim(q\to p))\}$$

いろいろな論理が
「否定」（〜）、「または」（∨）
のたった2つだけからできてるなんて。
とても信じられない。Oh, my GOD！

「ならば」が「否定」（〜）、「かつ」（∧）
の2つだけで作られたのも衝撃だったわね。

以上のことから、**論理の基本は**

「でない」と「かつ」の2つ

「または」と「でない」の2つ

であることがわかります。しかし、もっと突き詰めていくとどうなるのでしょうか（次ページ参照）。

プロローグ

やさしい論理学
第1章　**論理を表で考える**

やさしい論理学
第2章　**論理を図形で考える**

やさしい論理学
第3章　**論理雑学**

付録

参考 **一つの論理記号で ～、∧、∨、→、↔ を表す**

　この節では、5つの論理記号「～、∧、∨、→、↔」が「～、∧」の2つだけで、もしくは、「～、∨」の2つだけで表される話をしました。初めて論理学を学ぶ人には意外だったことと思われます。さらに意外なことに、シェファー（H.M.Sheffer）はただ一つの論理記号「｜」を用いて～、∧、∨、→、↔を表す方法を導き出しました（1913年）。

　次にシェファーの方法を説明しますので、もしご興味があればざっと目を通してみてください。途中でむずかしくなったら、今後の人生で気になったときに再度挑戦してみてください。

論理記号「｜」について

　単一命題を p、q とするとき、次の真理表で真偽が決まる論理記号

$$p \,|\, q$$

を定義します。これを**シェファーのストローク**（縦棒演算）といいます。

p	q	$p\,|\,q$
T	T	F
T	F	T
F	T	T
F	F	T

　これは、**p と q とが共に真のときに限って偽となり、その他は真となる**もので、私たちの常識とは真逆のものです。つまり、$p\,|\,q$の真偽は§1-4で定義した$p\wedge q$の真偽とまったく逆になっています。これは、$p\wedge q$から見ればまさしく「あまのじゃく」な論理です。

論理記号～、∧、∨、→、↔を論理記号「 ｜ 」で表現

前ページのように、論理記号「 ｜ 」の真偽を定義すると「～、∧、∨、→、↔」から作られる命題が一つの論理記号「 ｜ 」で次のように表現されることがわかります。つまり下の(1)～(5)の左辺と右辺は論理的に同値なのです。

(1)　$\sim p = p \mid p$

(2)　$p \wedge q = \sim (p \mid q)$

(3)　$p \vee q = (p \mid p) \mid (q \mid q)$

(4)　$p \to q = p \mid (\sim q)$

(5)　$p \leftrightarrow q = \sim \{(p \mid \sim q) \mid (q \mid \sim p)\}$

このことを真理表で確かめてみましょう。

(1)　$\sim p = p \mid p$について

p	$p \mid p$	$\sim p$
T	F	$\boldsymbol{F}$
F	T	$\boldsymbol{T}$

(注)　$\sim p$は ｜ だけで表せています。

(2)　$p \wedge q = \sim (p \mid q)$ について

p	q	$p \mid q$	$\sim (p \mid q)$	$p \wedge q$
T	T	$\boldsymbol{F}$	T	T
T	F	$\boldsymbol{T}$	F	F
F	T	$\boldsymbol{T}$	F	F
F	F	$\boldsymbol{T}$	F	F

(注)　$p \wedge q$を ｜ だけで表すと (1) より$p \wedge q = \sim (p \mid q) = (p \mid q) \mid (p \mid q)$

(3) $p \vee q = (p \mid p) \mid (q \mid q)$について

p	q	$p \mid p$	$q \mid q$	$(p \mid p) \mid (q \mid q)$	$p \vee q$
T	T	F	F	T	T
T	F	F	T	T	T
F	T	T	F	T	T
F	F	T	T	F	F

(注) $p \vee q$は $\mid$ だけで表せています。

(4) $p \rightarrow q = p \mid (\sim q)$について

p	q	$\sim q$	$p \mid (\sim q)$	$p \rightarrow q$
T	T	F	T	T
T	F	T	F	F
F	T	F	T	T
F	F	T	T	T

(注) $p \rightarrow q$を $\mid$ だけで表すと (1) より $p \rightarrow q = p \mid (\sim q) = p \mid (q \mid q)$

(5) $p \leftrightarrow q = \sim \{(p \mid \sim q) \mid (q \mid \sim p)\}$について

p	q	$\sim p$	$\sim q$	$p \mid \sim q$	$q \mid \sim p$	$(p \mid \sim q) \mid (q \mid \sim p)$	$\sim \{(p \mid \sim q) \mid (q \mid \sim p)\}$	$p \leftrightarrow q$
T	T	F	F	T	T	F	T	T
T	F	F	T	F	T	T	F	F
F	T	T	F	T	F	T	F	F
F	F	T	T	T	T	F	T	T

(注) $p \leftrightarrow q$を $\mid$ だけで表すと (1) より

$p \leftrightarrow q = \sim \{(p \mid \sim q) \mid (q \mid \sim p)\}$

$= \sim [\{p \mid (q \mid q)\} \mid \{q \mid (p \mid p)\}]$

$= [\{p \mid (q \mid q)\} \mid \{q \mid (p \mid p)\}] \mid [\{p \mid (q \mid q)\} \mid \{q \mid (p \mid p)\}]$

「$\sim$、$\wedge$、$\vee$、$\rightarrow$、$\leftrightarrow$」がたった一つの論理記号「 $\mid$ 」だけで表されるなんて！！

単一命題p、q、r、……から作られた2つの合成命題を

$$f(p,\ q,\ r,\ \cdots)、g(p,\ q,\ r,\ \cdots)$$

とします。このとき、条件文

$$f(p,\ q,\ r,\ \cdots) \to g(p,\ q,\ r,\ \cdots)\quad \cdots\cdots①$$

がトートロジーであるとき、つまり、命題p、q、r、……の真偽にか

かわらず、いつでも①が真であるとき、①を

$$f(p,\ q,\ r,\ \cdots) \Rightarrow g(p,\ q,\ r,\ \cdots)\quad \cdots\cdots②$$

と書くことにしました（§1−12）。

本節では、$f(p,\ q,\ r,\ \cdots)$がとくにp、q、r、……を「かつ」（∧）

で結んだ命題 $p \wedge q \wedge r \wedge \cdots$ の場合について調べることにします。た

だし、命題p、q、r、……は合成命題でもよいとします。

推論とは

次の形の条件文を**推論**といいます。

$$(p_1 \wedge p_2 \wedge \cdots \wedge p_n) \to q\quad \cdots\cdots①$$

ただし、p_1, p_2, $\cdots$, p_n, qは命題とし、単一命題でも合

成命題でもよいものとします。このとき、p_1, p_2, $\cdots$, p_nを

前提、qを**結論**といいます。

（注）　$n = 1$の場合の条件文 $p_1 \to q$ も推論です。

$$\begin{array}{c} p_1 \\ p_2 \\ \vdots \\ p_n \\ \hline q \end{array}$$

なお、この条件文①は右のように縦に書くこともあります。

有効な推論

命題 p_1、p_2、$\cdots$、p_n、q の真偽にかかわらず条件文

$$(p_1 \wedge p_2 \wedge \cdots \wedge p_n) \to q \quad \cdots\cdots ①$$

がつねに真であるとき、つまり、トートロジーであるとき、

$$p_1 \wedge p_2 \wedge \cdots \wedge p_n \Rightarrow q \quad \cdots\cdots ②$$

と書きます（§1−12）。このとき①は推論は**有効な推論**であるといいます。そうでないとき、つまり、①が命題 p_1、p_2、$\cdots$、p_n、q の真偽によっては偽になることがあるとき①は**謬論**であるといいます。

命題 p_1、p_2、$\cdots$、p_n がすべて真のとき $p_1 \wedge p_2 \wedge \cdots \wedge p_n$ は真なので、**有効な推論では、前提がすべて真のとき、結論は必ず真となります。**

有効な推論の例

以下に、有効な推論の例をいくつか紹介しましょう。いずれも、私たちが正しい考えをするときに使われるものです。

（1）三段論法肯定式

$$p \to q$$
$$\underline{p}$$
$$q$$

（注）　①式の形式で書けば　$\{(p \to q) \wedge p\} \to q$

〔例〕

> 「太郎が犯人である、ならば、太郎はナイフを持っている」
> 　　かつ
> 「太郎は犯人である」

　　　　ならば

> 「太郎はナイフを持っている」

(2) 三段論法否定式

$$p \to q$$
$$\frac{\sim q}{\sim p}$$

(注) ①式の形式で書けば　$\{(p \to q) \wedge (\sim q)\} \to (\sim p)$

〔例〕

> 「太郎が犯人である、ならば、太郎は東京にいた」
> 　　かつ
> 「太郎は東京にいなかった」

　　　　ならば

> 「太郎は犯人ではない」

この推論は**アリバイ（不在証明）の原理**といわれています。

(3) 仮言三段論法

$$p \to q$$
$$\frac{q \to r}{p \to r}$$

(注) ①式の形式で書けば　$\{(p \to q) \wedge (q \to r)\} \to (p \to r)$

〔例〕

> 「太郎が人間である、ならば、太郎は動物である」
> 　　かつ
> 「太郎が動物である、ならば、太郎は生物である」

　　　　ならば

> 「太郎が人間である、ならば、太郎は生物である」

(4) 簡約の法則　$\dfrac{p \wedge q}{p}$

(注)　①式の形式で書けば　$(p \wedge q) \to p$

〔例〕

「太郎は人間であり、かつ、太郎は泳げる」

ならば

「太郎は人間である」

(5) 付加の法則　$\dfrac{p}{p \vee q}$

(注)　①式の形式で書けば　$p \to (p \vee q)$

〔例〕

「太郎は人間である」

ならば

「太郎は人間である、または、太郎は泳げる」

(6) 対偶　$\dfrac{p \to q}{\sim q \to \sim p}$

(注)　①式の形式で書けば　$(p \to q) \to (\sim q \to \sim p)$

〔例〕

> 「太郎は人間である、ならば、太郎は動物である」

　　　ならば

> 「太郎は動物でない、ならば、太郎は人間でない」

推論の有効性を真理表で確認

　それでは、ここで紹介した（1）〜（3）の推論が有効であることを真理表を作成して確かめてみましょう。

（1）$\{(p \to q) \wedge p\} \to q$について

p	q	$p \to q$	$(p \to q) \wedge p$	$\{(p \to q) \wedge p\} \to q$
T	T	T	T	T
T	F	F	F	T
F	T	T	F	T
F	F	T	F	T

　　よって、$\{(p \to q) \wedge p\} \Rightarrow q$

（2）$\{(p \to q) \wedge (\sim q)\} \to (\sim p)$について

p	q	$\sim p$	$\sim q$	$p \to q$	$(p \to q) \wedge \sim q$	$\{(p \to q) \wedge \sim q\} \to \sim p$
T	T	F	F	T	F	T
T	F	F	T	F	F	T
F	T	T	F	T	F	T
F	F	T	T	T	T	T

　　よって、$\{(p \to q) \wedge (\sim q)\} \Rightarrow \sim p$

(3)　$\{(p \to q) \wedge (q \to r)\} \to (p \to r)$ について

p	q	r	$p \to q$	$q \to r$	$(p \to q) \wedge (q \to r)$	$p \to r$	$\{(p \to q) \wedge (q \to r)\} \to (p \to r)$
T	T	T	T	T	T	T	T
T	T	F	T	F	F	F	T
T	F	T	F	T	F	T	T
T	F	F	F	T	F	F	T
F	T	T	T	T	T	T	T
F	T	F	T	F	F	T	T
F	F	T	T	T	T	T	T
F	F	F	T	T	T	T	T

よって、$\{(p \to q) \wedge (q \to r)\} \Rightarrow (p \to r)$

遊び　先に紹介した（4）〜（6）の推論が有効であることを以下の真理表の空欄に T、F を入れることによって確かめてみましょう。答えは付録2を参照してください。

(4)　$(p \wedge q) \to p$ について

p	q	$p \wedge q$	$(p \wedge q) \to p$
T	T		
T	F		
F	T		
F	F		

(5) $p \rightarrow (p \lor q)$ について

p	q	$p \lor q$	$p \rightarrow (p \lor q)$
T	T		
T	F		
F	T		
F	F		

(6) $(p \rightarrow q) \rightarrow (\sim q \rightarrow \sim p)$ について

p	q	$\sim p$	$\sim q$	$p \rightarrow q$	$\sim q \rightarrow \sim p$	$(p \rightarrow q) \rightarrow (\sim q \rightarrow \sim p)$
T	T					
T	F					
F	T					
F	F					

まとめ

有効な推論 $p_1 \land p_2 \land \cdots \land p_n \Rightarrow q$ では

前提 p_1、p_2、…、p_n がすべて真のとき

結論 q は必ず真となる

参考 **数学の証明**

　学生時代に数学嫌いだった人は「証明」はさぞかし不愉快だったことでしょう。しかし、せっかくここまで論理に挑戦してきたのですから、冷めた目で「証明」とは何かを振り返ってみましょう。第3章に「証明」を用意したので、ぜひ挑戦してください。とくに、そこで述べられた**公理主義**の考え方を知れば世界を見る目が変わります。

プロローグ

やさしい論理学
第1章 論理を表で考える

やさしい論理学
第2章 論理を図形で考える

やさしい論理学
第3章 論理雑学

付録

参考 > 論理と計算

　この章では**命題 p が真であることを記号 T で、偽であること
を記号 F で表しました。ここでは、命題 p が真のときは数値の 1、
命題 p が偽のときは数値の 0 で表す**ことにしましょう。

　すると、本書で使っていた真理表は次のように数値の表に書き
換えられます。また、合成命題 $\sim p$、$p \wedge q$、$p \vee q$、$p \to q$、$p \leftrightarrow q$
の真偽を示す値は下記の計算で算出されることがわかります。

　**つまり、論理が 0 と 1 の単純な足し算、引き算、掛け算に置き
換わってしまうのです。**

(1) $\sim p$ の値

p	$\sim p$
1	0
0	1

$\sim p$ の値は $1-p$

(2) $p \wedge q$ の値

p	q	$p \wedge q$
1	1	1
1	0	0
0	1	0
0	0	0

$p \wedge q$ の値は pq

(3) $p \vee q$ の値

p	q	$p \vee q$
1	1	1
1	0	1
0	1	1
0	0	0

$p \vee q$ の値は
$p + q - pq$

(4) $p \to q$ の値

p	q	$p \to q$
1	1	1
1	0	0
0	1	1
0	0	1

$p \to q$ の値は
$1 - p + pq$

(5) $p \leftrightarrow q$ の値

p	q	$p \leftrightarrow q$
1	1	1
1	0	0
0	1	0
0	0	1

$p \leftrightarrow q$ の値は
$1 - p - q + 2pq$

論理もコンピュータがお得意となると、……

私たちもしっかりしないとね。

やさしい論理学
第2章

論理を図形で
考える

論理の攻略にベン図はステキな道具

Section 2-1 | 命題と条件

「命題」とは真偽が客観的に決まる文や式のことでした（§1−1）。たとえば次のものがあげられます。

　　（イ）　太郎は男である（真）

　　（ロ）　花子は男である（偽）

　　‥‥‥‥‥‥‥‥‥‥‥

　前章では、個々の命題を p、q、r、…などで表し、それらを論理記号〜、∧、∨、→、↔で結びつけた合成命題の真偽を真理表という表を用いて判定しました。

$$p \to p \vee q$$
$$\sim(p \wedge q) = (\sim p) \vee (\sim q)$$
$$p \wedge (q \vee r) = (p \wedge q) \vee (p \wedge r)$$
$$p \to q = (\sim p \vee q)$$
$$(p \to q) \wedge (q \to r) \to (p \to r)$$
$$p \vee \sim p$$
$$p \wedge \sim q$$

p	q	r	$q \vee r$	$p \wedge (q \vee r)$	$p \wedge q$	$p \wedge r$	$(p \wedge q) \vee (p \wedge r)$
T	T	T	T	T	T	T	T
T	T	F	T	T	T	F	T
T	F	T	T	T	F	T	T
T	F	F	F	F	F	F	F
F	T	T	T	F	F	F	F
F	T	F	T	F	F	F	F
F	F	T	T	F	F	F	F
F	F	F	F	F	F	F	F

　この章では**集合**（後で説明します）を用いて「論理を図で見ていく」ことにします。つまり、「論理の見える化」です。

述語（性質、条件）とは

たとえば、次の文章を考えてみましょう。

xは男である　……①

　すると、前ページの命題（イ）、（ロ）は①のxに太郎や花子を代入したものと考えられます。つまり、①の文章はxに太郎とか花子を代入することによって命題となります。

　①のように**命題を産み出すもとの文章や式のこと**を**述語**(predicate)とか**性質**、あるいは**条件**と呼びます。本書では**条件**という言葉を採用します。xを使った条件は他にもいろいろ考えられます。

xは女である　……②

太郎くんはxをもっている　……③

xは高さが3000m以上の山である　……④

（注）　前章で扱った論理は**命題論理**、本章で扱った論理は述語（性質、条件）を扱うので**述語論理**と呼ばれています。

「条件」と「命題」の関係

　上記①、②、③、④のように、xを使った条件を一般化して$p(x)$などと書くことにしましょう。このとき、条件$p(x)$そのものは真も偽もありませんが、このxに具体的なもの、たとえばaを代入した$p(a)$は真偽が判定できる命題になります。

$p(x)$　・・・　条件

$p(a)$　・・・　命題　（条件のxに具体的なものaを代入）

〔例〕　①を$p(x)$としてみましょう。つまり、

$p(x) = x$は男である　……　条件

　この、xに太郎を入れたのが命題（イ）であり、花子を入れたのが命題（ロ）ということになります。

$p(太郎) = $ 太郎は男である　……　命題（イ）

$p(花子) = $ 花子は男である　……　命題（ロ）

Section
2-2 | 集合とは

「集合」という言葉は日常生活において「ものの集まり」として何げなく使われています。この「集合」ですが、論理を考える上で欠かすことのできない重要な役割を果たします。そこで、ここでは「集合」についての初歩を調べておきましょう。

集合とは

ある条件を満たすものの集まりを集合といいます。集合は英語でset といいます。group ではありません。

条件として「1以上10以下の偶数」を考えれば、集合は

　　2、4、6、8、10

の5個の数字です。これらの数字を羅列しただけではしまりがないので、中カッコ{ }でくくって集合を次のように書くことにします。

　　{2, 4, 6, 8, 10}

今後、複数の集合を扱うので**集合に名前を付けておくと便利**です。その際は、通常アルファベットでイタリック体の大文字を使います。たとえば、Sを用いれば次のようになります。

　　$S = \{2, 4, 6, 8, 10\}$

また、集合の個々のメンバーを**要素**とか**元**といいます。

2は上記の集合Sの要素ですが、このことを**記号∈**を用いて

　　$2 \in S$

と書くことにします。記号∈は要素（element）の頭文字 E をもとに次のようにして作成されたものです。

$$e \rightarrow E \rightarrow \in$$

数学ではこのようにアルファベットを変形して記号を作ることは珍しくありません。

なお、1は上記の集合 S の要素ではありません。このことを**記号 ∉** を用いて

$$1 \notin S$$

と書きます。つまり ∉ という記号は、否定の意味を込めたスラッシュ「/」を∈にかぶせたものです。

ここで、注意したいことが一つあります。それは、「ある条件を満たすものの集まりを集合（set）」といいましたが、このときに使われ**る条件とは、だれもが同じ判定のできる客観的なものでなければいけない**ということです。

たとえば、「美しい花」とか「背の高い人」は「条件」として、どうでしょうか。タンポポの花を美しいと見なすかどうか、太郎くんを背が高いと見なすかどうか、それは人によって判断が分かれます。もし、「背の高い人の入場料は2倍」というルールがあったら、太郎くんがあてはまるのかどうか、わかりません。社会生活において約束や規則、法律などの**解釈が人によって違ったら大混乱する**のです。

集合の2つの表現

先ほどは条件として「1以上10以下の偶数」としたため要素は5個なので中カッコを用いて

$$\{2, 4, 6, 8, 10\} \quad \cdots\cdots ①$$

と書けました。

しかし、条件が「1以上1000以下の偶数」だとすると、要素は500個もあり、これを列挙するのは大変です。そこで、

$$\{2,\ 4,\ 6,\ 8,\ \cdots\cdots,\ 998,\ 1000\}$$

などとぼかして書きますが、これでは「……」の部分に曖昧さが残ります。そこで、このことを避けるため、**条件そのものを記述する集合の表現方法**があります。それは、要素を文字で代表させ、その文字についての条件を記述する方法です。そのとき、**代表の文字と条件を縦棒│で区切る**のです。つまり、代表の文字を x とすれば、

$$\{\,x \mid x\text{に関する条件}\,\}\quad \cdots\cdots ②$$

となります。すると、「1以上1000以下の偶数」とする集合は

$$\{\,x \mid x\text{は1以上1000以下の偶数}\,\}$$

と書けます。この方法だと、要素の数がどんなに多くても確実に集合を表現することができます。

（注）　**縦棒ではなくコロン「：」を使うこともあります。**

　一般に、x が満たすべき条件を $p(x)$ と書けば、②の表現は次のようになります。

$$\{\,x \mid p(x)\,\}\quad \cdots\cdots ③$$

　もちろん、$p(x)$ とは異なる条件 $q(x)$ であれば、

$$\{\,x \mid q(x)\,\}\quad \cdots\cdots ④$$

と書くことになります。

（注）　③、④で使われている $p(x)$、$q(x)$ は前節で紹介した「**条件**」（述語）のことです。

　以上、集合の表現をまとめると、①のように要素を列挙する方法と、②のように条件を記述する方法の2つがあります。

〔**例**〕　次の集合を上記の2つの方法で表現してみましょう。

「日本のすべての都道府県名」

{ 北海道、青森、……、鹿児島、沖縄 }　……要素を列挙

{ x | xは日本の都道府県名 }　　　　……条件を記述

まとめ　集合とは

　　　　集合：ある条件を満たすものの集まり

　　　　条件：だれもが同じ判定のできる客観的な文章や式

　　集合の表現

　　　　（イ）　要素をすべて書き出す表現　　{1,2,3,4,5}

　　　　（ロ）　条件を記述する表現

　　　　　　　　　　　　　　{ x | xは 1 以上 5 以下の整数 }

集合は、「ある条件を満たすものの集まり」と
いうことですが、条件とは誰もが認める客観的なもの
というのでは「安くて旨いラーメン」なんて、
条件とは考えられませんね？

そうはいっても、ある程度の客観性があれば、
厳密ではなくても、これを集合の条件として
応用上使ってしまうことはよくあるのよ。
「安くて旨い」も客観性があると見なします。
他にも、「まじめな人」とか「スポーツ好きな人」の
集合などもそうですね。あまりお堅いことをいうと
せっかく学んだ論理が日常に使えなくなります。

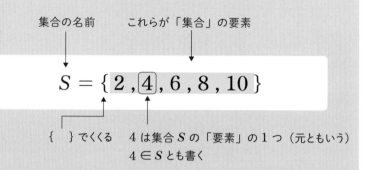

$S = \{2,4,6,8,10,12,14,16,18,20,\cdots\cdots\}$ と、
すべての要素を書き切れないとき、

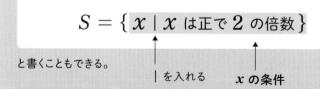

と書くこともできる。

| を入れる x の条件

プロローグ

やさしい論理学
第1章 論理を表で考える

やさしい論理学
第2章 論理を図形で考える

やさしい論理学
第3章 論理雑学

付録

Section 2-3 | ベン図とは

　第1章では論理式と真理表を使って論理を考えました。慣れれば簡単な世界ですが、初めてのために戸惑った人もいたでしょう。

　本章では、表ではなく集合を使って論理を考えることにします。その際、集合を図で表現したベン図と呼ばれるものを利用することにより**論理を目で見て理解することができる**のです。つまり、**論理の見える化**です。

ベン図とは

　あらためて紹介するまでもなく、集合を図で表したものは小・中学生でも使っています。たとえば、集合 $A = \{x \mid x$ は**A組の生徒**$\}$ を下図のような閉じた曲線を用いて表しました。

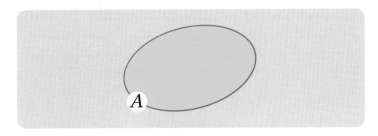

　これが**ベン図**（正しくは**ベン図式**）と呼ばれるものです。つまり、集合の様子を平面図形で表したものがベン図です。上図の場合、曲線の内側にA組の生徒が集まっていると考えます。

（注）　ベン図式のベンとはイギリスの論理学者 J. ベン（1834 ～ 1923）の名前です。

全体集合を意識しよう

　私たちは何かを考える上で注意しなければいけないことがあります。それは、どんな世界で物事を考えようとしているのかということです。ここをハッキリしないと結論が出せません。たとえば、数学の世界では方程式を自然数の世界で考えるのか、それとも整数の世界で考えるのかで結論が異なります。

　自然数の世界で考えれば$x+1=0$の解は存在しません。しかし、整数の世界で考えれば$x+1=0$の解は存在して-1です。

　このように、何かを考えるときには、「どの範囲」で考えているのかをハッキリしなければ無意味になります。この「どの範囲」に相当する集合が**全体集合**（universal set）と呼ばれるものです。これを明示しなければ議論が成り立ちませんので全体集合は非常に大事です。

（注）　全体集合が自明なときにはその表示が省略されることがあります。

全体集合は長方形で

　全体集合 Uをベン図で表す場合には、通常は、長方形がよく使われます。たとえば、先の A 組の生徒の集合の場合、全体集合 Uとして彼らの通っている学校の生徒全員とすれば、このことを下図のように表します。

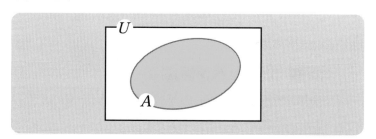

Section 2-4 補集合 $\overline{P}$ とは

　全体集合 U があるとき、条件 $p(x)$ を満たす集合 P に対して、$p(x)$ を満たさない、つまり、$\sim p(x)$ を満たす集合が考えられます。たとえば、全体集合 U を動物とし、条件 $p(x)$ を「x は哺乳類」とするとき、動物であって哺乳類でないものの集まりがそうです。

集合 P の補集合

　全体集合 U とし、条件 $p(x)$ を満たす集合を

$\quad P = \{\, x \mid x \in U,\ p(x) \,\}$　……　U の要素で $p(x)$ を満たすものの集まり

とします。この集合 P に対し、次の集合

$\quad \{\, x \mid x \in U,\ \sim p(x) \,\}$　……　U の要素で $p(x)$ を満たさないものの集まり

を P の **補集合**（complementary set）といいます。本書では P の補集合を $\boxed{\overline{P}}$ と書くことにします。$\overline{P}$ は、下図のベン図の斜線部分です。

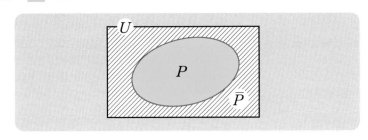

まとめ $\quad \overline{P} = \{\, x \mid x \in U,\ \sim p(x) \,\}\quad (= \{\, x \mid x \in U,\ x \notin P \,\})$

Section 2-5 ┃ 積集合 $P \cap Q$ とは

2つの条件 $p(x)$、$q(x)$があるとき、$p(x)$と$q(x)$を共に満たすxの集合を考えてみましょう。たとえば、「20歳以上、かつ、運転免許取得者」のような求人募集に表示された集合です。

積集合$P \cap Q$

全体集合Uで考えられた2つの条件 $p(x)$、$q(x)$によって定まる集合を各々P、Qとします。つまり、

$$P = \{ x \mid p(x) \}, \ Q = \{ x \mid q(x) \}$$

このとき、2つの条件$p(x)$と$q(x)$を共に満たすxの集まりをPとQの**積集合**（または**共通部分**）といい、**$P \cap Q$**と書きます。つまり、

$$P \cap Q = \{ x \mid p(x) \land q(x) \}$$

ここで、$p(x) \land q(x)$が真になるのは $p(x)$、$q(x)$が共に真のとき、また、そのときに限ります。したがって積集合 $P \cap Q$はベン図において2つの集合P、Qの共通部分になります。

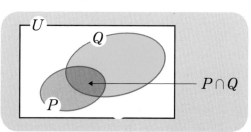

まとめ ┃ $P \cap Q = \{ x \mid p(x) \land q(x) \}$

Section 2-6 | 和集合 $P \cup Q$ とは

2つの条件 $p(x)$、$q(x)$があるとき、$p(x)$と$q(x)$の少なくとも一方を満たすxの集合を考えてみましょう。たとえば、「20歳以上、または、運転免許取得者」のような求人募集に表示された集合です。

和集合 $P \cup Q$

全体集合Uで考えられた2つの条件 $p(x)$、$q(x)$によって定まる集合をP、Qとします。つまり、

$$P = \{ x \mid p(x) \},\ Q = \{ x \mid q(x) \}$$

このとき、2つの条件$p(x)$と$q(x)$の少なくとも一方を満たすxの集まりをPとQの**和集合**といい、**$P \cup Q$**と書きます。つまり、

$$P \cup Q = \{ x \mid p(x) \lor q(x) \}$$

ここで、$p(x) \lor q(x)$が真になるのは $p(x)$、$q(x)$の少なくとも一方が真のときです（§1−5）。
したがって和集合$P \cup Q$はベン図において $P \cap \overline{Q}$、$P \cap Q$、$\overline{P} \cap Q$の3か所を合体（和）した集合です。

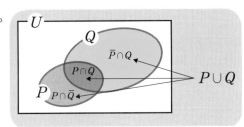

まとめ　$P \cup Q = \{ x \mid p(x) \lor q(x) \}$

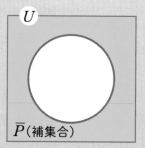

$P \cap Q$（積集合）

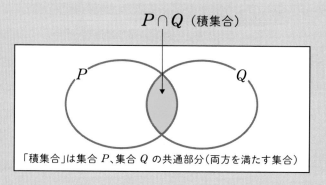

「積集合」は集合 P、集合 Q の共通部分（両方を満たす集合）

$P \cup Q$（和集合）

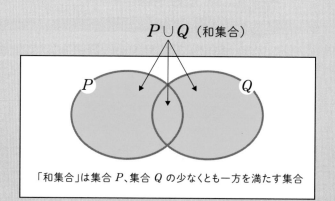

「和集合」は集合 P、集合 Q の少なくとも一方を満たす集合

プロローグ

やさしい論理学
第1章 論理を表で考える

やさしい論理学
第2章 論理を図形で考える

やさしい論理学
第3章 論理雑学

付録

Section 2-7 | 集合に関するド・モルガンの法則

p、qを2つの命題とするとき、$p \wedge q$と $p \vee q$の否定については次の等式が成り立ちます。

$$\sim (p \wedge q) = (\sim p) \vee (\sim q) \quad \cdots\cdots ①$$

$$\sim (p \vee q) = (\sim p) \wedge (\sim q) \quad \cdots\cdots ②$$

これをド・モルガンの法則といいました（§1−7）。実は、**集合に関しても、ド・モルガンの法則がある**のです。

集合に関するド・モルガンの法則

2つの集合P、Qに対し、次の等式が成立します。

$$\overline{P \cap Q} = \overline{P} \cup \overline{Q} \quad \cdots\cdots ③$$

$$\overline{P \cup Q} = \overline{P} \cap \overline{Q} \quad \cdots\cdots ④$$

これを**集合に関するド・モルガンの法則**といいます。

$P = \{ x \mid p(x) \}$、$Q = \{ x \mid q(x) \}$とするとき、積集合$P \cap Q$と和集合$P \cup Q$は次のように定義されました（§2−5、2−6）。

$$P \cap Q = \{ x \mid p(x) \wedge q(x) \}$$

$$P \cup Q = \{ x \mid p(x) \vee q(x) \}$$

また、集合$P = \{ x \mid p(x) \}$の補集合$\overline{P}$は、$\overline{P} = \{ x \mid \sim p(x) \}$と定義されました。同様に$\overline{Q} = \{ x \mid \sim q(x) \}$となります。この定義に従えば、$P \cap Q$と$P \cup Q$の補集合は次のようになります。

$$\overline{P \cap Q} = \{ x \mid \sim (p(x) \wedge q(x)) \}$$

109

$$\overline{P \cup Q} = \{\, x \mid \sim (p(x) \lor q(x)) \,\}$$

すると、命題に関するド・モルガンの法則①、②と $\overline{P} = \{\, x \mid \sim p(x) \,\}$

と $\overline{Q} = \{\, x \mid \sim q(x) \,\}$ より

$$\overline{P \cap Q} = \{\, x \mid \sim (p(x) \land q(x)) \,\} = \{\, x \mid (\sim p(x)) \lor (\sim q(x)) \,\} = \overline{P} \cup \overline{Q}$$

$$\overline{P \cup Q} = \{\, x \mid \sim (p(x) \lor q(x)) \,\} = \{\, x \mid (\sim p(x)) \land (\sim q(x)) \,\} = \overline{P} \cap \overline{Q}$$

となり③、④の成立することがわかります。

ベン図で見ると

集合に関するド・モルガンの法則の③、つまり、

$$\overline{P \cap Q} = \overline{P} \cup \overline{Q}$$

の成立理由をベン図で表現すると次のようになります。

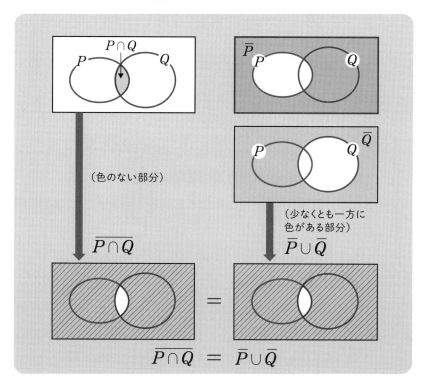

$$\overline{P \cap Q} \quad = \quad \overline{P} \cup \overline{Q}$$

また、集合に関するド・モルガンの法則の④、つまり、

$$\overline{P \cup Q} = \overline{P} \cap \overline{Q}$$

の成立理由をベン図で表現すると次のようになります。

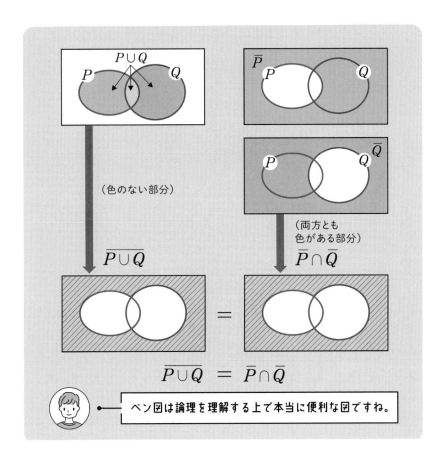

$$\overline{P \cup Q} = \overline{P} \cap \overline{Q}$$

ベン図は論理を理解する上で本当に便利な図ですね。

111

ベン図を利用して物事を一般的に考える際には、複数の集合の相互の関係を重複なく、漏れなく表現した図を採用すべきです。

もうすでに使っていますが、2つの集合 P、Q に対しては次のベン図1を利用しました。ただし、

$P = \{x \mid p(x)\}$、$Q = \{x \mid q(x)\}$ とします。

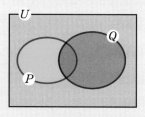

［図1］

なぜ、次のベン図2、3を利用しなかったのでしょうか。

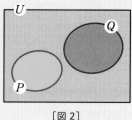

［図2］

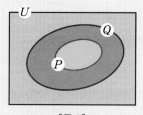

［図3］

それは、2つの条件 $p(x)$、$q(x)$ に対しては、x が $p(x)$ を満たすかどうかで2つに分類され、さらに、その各々の場合で x が $q(x)$ を満たすかどうかで2つに分類されるため、全部で $2 \times 2 = 2^2$ $= 4$ 通りの分類が可能性としてあるからです。

ところが図2も図3も3通りにしか分類されていません。したがって、これらは一般性を欠いた特殊なベン図ということになります。これら図2、図3に対して、図1は全体集合が4つに分類

されていてすべての可能性を網羅していることになり、一般性が
確保されています。

　同様に考えると、n 個の集合のベン図は 2^n 通りの分類が実現さ
れている必要があります。このことを踏まえると、次のベン図の
表現が一般性が確保された図ということになります。なお、左右
はベン図としては同等です。また、外枠の長方形は全体集合です。

（集合が 1 つの場合）　……全体が $2^1 = 2$ 個に分割される

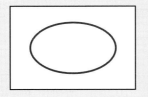 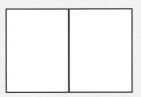

（集合が 2 つの場合）　……全体が $2^2 = 4$ 個に分割される

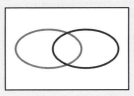 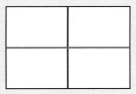

（集合が 3 つの場合）　……全体が $2^3 = 8$ 個に分割される

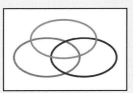 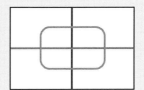

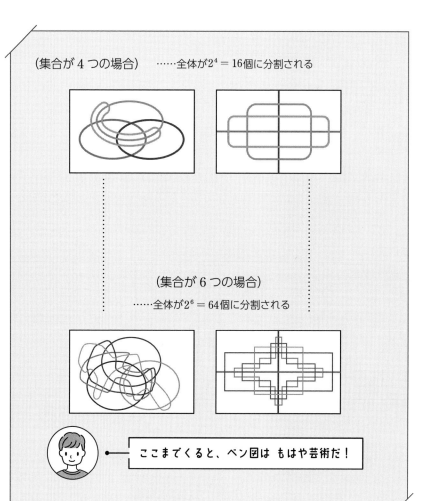

（集合が 4 つの場合）　……全体が$2^4 = 16$個に分割される

（集合が 6 つの場合）

……全体が$2^6 = 64$個に分割される

ここまでくると、ベン図は もはや芸術だ！

Section 2-8 | 部分集合

　学生の集合において、その中で女子学生の集まりは学生の集合の一部です。このように、ある集合があって、その集合の一部の要素からなる集合について考えてみましょう。

部分集合とは

　集合 P のすべての要素が集合 Q に属しているとき、P は Q の**部分集合**であるといい、**記号 ⊂、⊃** を用いて $P \subset Q$ または $Q \supset P$ と書きます。このことをベン図で書くと P が Q にスッポリ含まれ、「**P は Q の一部になる**」のです（下図）。

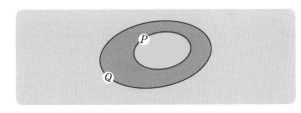

〔例〕全体集合 U を日本人とし、20歳以上の人の集合を Q、後期高齢者の集合を P とするとき、P は Q の部分集合で $P \subset Q$ と書けます。

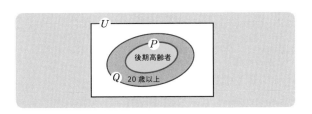

プロローグ

やさしい論理学 第1章 論理を表で考える

やさしい論理学 第2章 論理を図形で考える

やさしい論理学 第3章 論理雑学

付録

　集合とは、「ある条件を満たすものの集まり」ということでした。このことからすると奇異に感じられる特別な集合を一つ紹介します。それは**空集合**と呼ばれるものです。**空集合とは、要素を1つももたない集合のこと**です。集合という名に値しないように感じられますが、「空集合も、集合の1つ」と考えると何かと都合がいいのです。

　空集合は要素が1つも無いので、これを表現するには集合を表す記号である中括弧を用いてその中を空にした $\{\ \}$ とします。または、ギリシャ文字を使って ϕ と書きます。ϕ は「**ファイ**」と呼びます。

　なお、空集合はあらゆる集合の部分集合と見なします。つまり、任意の集合を P とするとき、

$$\phi \subset P$$

となります。このことについて詳しくは §2−9 で解説します。

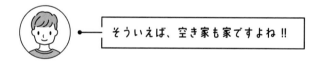

そういえば、空き家も家ですよね!!

遊び　3つの数字の集合 $P = \{1,\ 2,\ 3\}$ の部分集合をすべて求めてみましょう。答えは次の $2^3 = 8$ 個の集合です。

$\{1,\ 2,\ 3\}$ ……要素の数が3個（集合 P は集合 P の部分集合です）

$\{1,\ 2\},\ \{1,\ 3\},\ \{2,\ 3\}$ ……要素の数が2個

$\{1\},\ \{2\},\ \{3\}$ ……要素の数が1個

ϕ ……要素の数が0個

（注）　要素の数が n 個からなる集合の部分集合は全部で 2^n 個あります。

集合が等しいとは

2つの集合 P、Q があって、どちらもまったく同じ要素からなる集合であるとき、集合 P、Q は等しいといい、等号「＝」を使って

$$P = Q$$

と書きます。なお、部分集合の考え方から、

「　$P \subset Q$　かつ　$P \supset Q$　」　のとき　　$P = Q$

と集合の相等（互いに等しい）を定義することもできます。

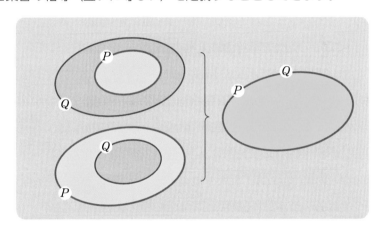

$P \subset Q$ は $P = Q$ も認める

集合 P のすべての要素が集合 Q に属しているとき、P は Q の部分集合であると定義しました。これは Q が P に等しい場合も含みます。なぜならば、集合 P のすべての要素は集合 P に属しているからです。

つまり、$P \subset Q$ の意味には $P = Q$ も含まれています。そこで、もし、集合 P が集合 Q の部分集合ではあるが、P と Q は等しくないということを表現するのであれば

$$P \subset Q 、 P \neq Q$$

となります。このとき P を Q の**真部分集合**ということがあります。

Section 2-9 | 条件文と部分集合

2つの集合P、Qがあるとき、「PがQの部分集合である」ことと集合P、Qの条件$p(x)$、$q(x)$との関係を調べてみましょう。

$p(x) \Rightarrow q(x)$ とは

ここで、条件$p(x)$、$q(x)$に関する新たな**記号「$p(x) \Rightarrow q(x)$」**を定義します。

「集合Uの任意の要素xに対して$p(x) \to q(x)$がつねに真」……①

であるとき、

$$p(x) \Rightarrow q(x) \quad \cdots\cdots ②$$

と書くことにします。「任意」とは「どんな」という意味です。

$p(x) \Rightarrow q(x)$ は $P \subset Q$ のこと

$p(x) \Rightarrow q(x)$……② が成立するということは、ベン図で見ると、集合Pの要素がすべて集合Qにスッポリ含まれることを意味します（下図）。つまり、$P \subset Q$ ということです。

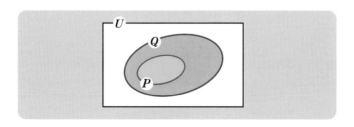

この理由について世界を4つに分けて調べてみましょう。もし、むずかしいなと思ったら〈まとめ〉に進んでください。

2つの集合PとQの一般的な包含関係を示したベン図は次のようになり、全体集合Uは4つの世界（イ）（ロ）（ハ）（ニ）に分割されます。

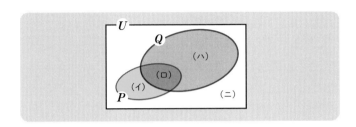

このとき、

「集合Uの任意の要素xに対して$p(x) \to q(x)$がつねに真」……①

が成立するということは、（イ）（ロ）（ハ）（ニ）のどの世界が許されるのか調べてみましょう。その際、§1−8で調べた命題p、qに関する条件文「$p \to q$」の真偽（右表）を利用します。

p	q	$p \to q$
T	T	T
T	F	F
F	T	T
F	F	T

（イ）について

（イ）の世界の要素xとしましょう（下図の＊）。すると、このxについては「$p(x) \to q(x)$」が偽となります。なぜならば「真 → 偽」だからです。よって、このxは①を満たしません。したがって、①のもとでは（イ）の世界は存在しません。つまり、$P \cap \overline{Q} = \phi$です。

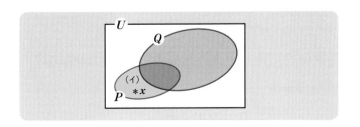

(ロ) について

　(ロ) の世界の要素 x としましょう（下図の＊）。すると、この x については、「$p(x) \to q(x)$」が真となります。なぜならば「真 → 真」だからです。よって、この x は①を満たします。したがって、①のもとでは（ロ）の世界は存在します。

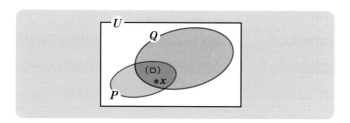

(ハ) について

　(ハ) の世界の要素 x としましょう（下図の＊）。すると、この x については「$p(x) \to q(x)$」が真となります。なぜならば「偽 → 真」だからです。よって、この x は①を満たします。したがって、①のもとでは（ハ）の世界は存在します。

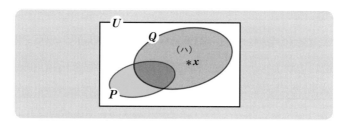

(ニ) について

　(ニ) の世界の要素 x としましょう（次ページ図の＊）。すると、この x については「$p(x) \to q(x)$」が真となります。なぜならば、「偽 → 偽」だからです。よって、この x は①を満たします。したがって、①のもとでは（ニ）の世界は存在します。

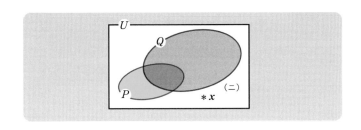

　以上（イ）（ロ）（ハ）（ニ）の4つの世界を調べてきましたが、①が成立するとき（イ）の世界だけ存在しないことになります。したがって、①が成立するときのベン図は次のようになります。

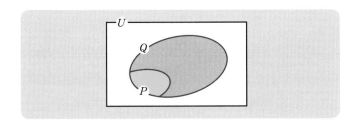

　つまり、PはQの部分集合になります。この図は下図と同じことを意味します。したがって、下図が「**すべてのxについて$p(x) \to q(x)$が真**」……①　が成立するときのベン図となります。

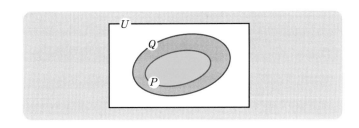

　この①のことを簡単に「$p(x) \Rightarrow q(x)$」と書くことにしました。したがって、論理「$p(x) \Rightarrow q(x)$」と集合「$P \subset Q$」と「PがQにスッ

ポリ含まれるベン図」の3つの表現が同じであることがわかります。

なお、$p(x)$ということは$x \in P$、$q(x)$ということは$x \in Q$のことですから、3つの表現は次のようにまとめることができます。

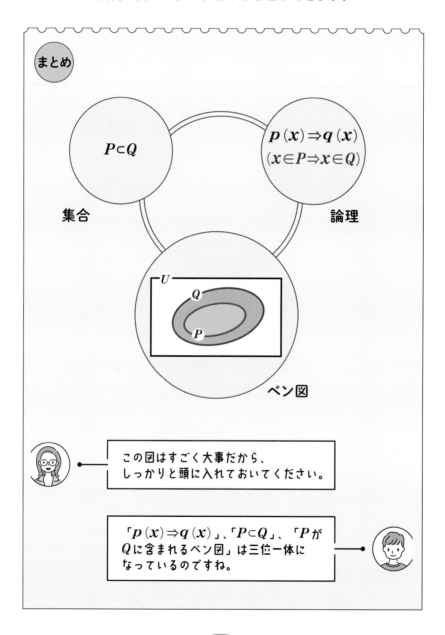

まとめ

$P \subset Q$

集合

$p(x) \Rightarrow q(x)$
$(x \in P \Rightarrow x \in Q)$

論理

U
Q
P

ベン図

この図はすごく大事だから、
しっかりと頭に入れておいてください。

「$p(x) \Rightarrow q(x)$」、「$P \subset Q$」、「P が
Qに含まれるベン図」は三位一体に
なっているのですね。

参考 空集合は任意の集合の部分集合

空集合は任意の集合 P の部分集合、つまり、$\phi \subset P$ と紹介しました（§2−8）。ここでは、その理由を考えてみましょう。

$P = \{x \mid p(x)\}$ とすると、空集合 ϕ は条件 $p(x)$ を用いて

$$\phi = \{x \mid p(x) \land \sim p(x)\} \quad \cdots\cdots③$$

と書けます。

なぜならば、$p(x)$ がどんな条件であっても $p(x) \land \sim p(x)$ を満たす x は存在しません。もし、存在したら論理学がひっくり返ってしまいます。したがって空集合 ϕ は上記の③のように書けるのです。

また、$p(x) \land \sim p(x)$ はどんな x に対しても、いつでも偽ですから、「集合 U の任意の要素 x に対して $\{p(x) \land \sim p(x)\} \to p(x)$ がつねに真」（前提がいつでも偽なので）となります。

したがって、

$$\{p(x) \land \sim p(x)\} \Rightarrow p(x)$$

と書けます。これは、空集合 $\phi = \{x \mid p(x) \land \sim p(x)\}$ は任意の集合 P の部分集合であることを示しています。

なお、$\phi \subset P$ ということは、

「$x \in \phi$ ならば $x \in P$」

ということですから、存在しないものに対してはどう結論づけてもいいことになります。

たとえば、

僕の彼女は総理大臣なんだ（彼女のいない独り者の妄想）

火星人は足が8本

………

Section 2-10 | 双条件文と集合の相等

　集合Uの任意の要素xに対して条件文$p(x) \to q(x)$がつねに真のとき、$p(x) \Rightarrow q(x)$と書くことにしました（§2−9）。このとき、PはQの部分集合、つまり、$P \subset Q$となり、図形的にはPがQにスッポリ含まれることを意味しました。ただし、

$$P = \{\, x \mid p(x)\,\}, \ Q = \{\, x \mid q(x)\,\}$$

　それでは、集合Uの任意の要素xに対して双条件文$p(x) \leftrightarrow q(x)$がつねに真のとき、$P$と$Q$の関係はどうなるのでしょうか。

$p(x) \Leftrightarrow q(x)$ とは

「集合Uの任意の要素xに対して$p(x) \leftrightarrow q(x)$がつねに真」……①
のとき、

$$p(x) \Leftrightarrow q(x) \quad \cdots\cdots ②$$

と書くことにします。**「任意」とは「どんな」という意味**です。

$p(x) \Leftrightarrow q(x)$ のとき $p = Q$

$p(x) \leftrightarrow q(x)$は

$$\{p(x) \to q(x)\} \wedge \{q(x) \to p(x)\}$$

のことです（§1−10）。

　したがって、①は

「Uの任意の要素xに対して$p(x) \to q(x)$と$q(x) \to p(x)$の双方がつ

ねに真」

であることを意味します。すると、前節よりこれは

$$p(x) \Rightarrow q(x) \text{ かつ } q(x) \Rightarrow p(x) \quad \cdots\cdots ④$$

と書き換えられます。つまり、

「$p(x) \Leftrightarrow q(x)$」と「$p(x) \Rightarrow q(x)$ かつ $q(x) \Rightarrow p(x)$」

は同じことです。

④より

$$P \subset Q \text{ かつ } Q \subset P \quad \cdots\cdots⑤$$

となるので、P が Q に含まれ、かつ Q が P に含まれます。

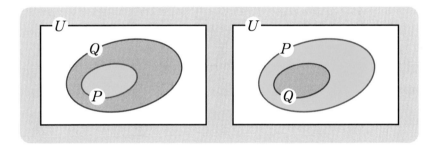

このとき2つの集合 P と Q は等しくなります（§2−8）。

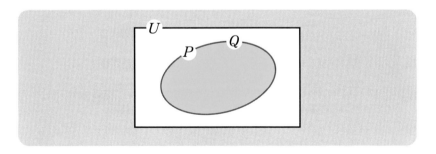

以上のことから、論理「$p(x) \Leftrightarrow q(x)$」と集合「$P = Q$」と「$P$ が Q に一致するベン図」の3つの表現が同じであることがわかります。なお、$p(x)$ ということは $x \in P$、$q(x)$ ということは $x \in Q$ のことですから、3つの表現は次のようにまとめることができます。

まとめ

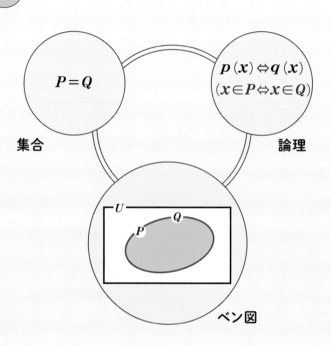

集合 $P = Q$

論理 $p(x) \Leftrightarrow q(x)$
$(x \in P \Leftrightarrow x \in Q)$

ベン図

この図はすごく大事だから、
しっかりと頭に入れておいてください。

「$p(x) \Leftrightarrow q(x)$」、「$P = Q$」つまり「$P$と$Q$が一致するベン図」は三位一体になっているのですね。

プロローグ

やさしい論理学
第1章 論理を表で考える

やさしい論理学
第2章 論理を図形で考える

やさしい論理学
第3章 論理雑学

付録

Section 2-11 | 必要条件・十分条件・必要十分条件

　日常会話でも、「それは必要条件だね」とか、「それは十分条件だよ」という表現が使われています。ここでは、これらの言葉を論理学的に押さえてみましょう。

必要条件と十分条件

　全体集合 U で考えられた2つの条件 $p(x)$、$q(x)$として、たとえば、次の例を考えてみましょう。ただし、全体集合 U はすべての生物の集合とします。

$$p(x)：x は人間である$$

$$q(x)：x は動物である$$

　このとき人間の集合 $P = \{\, x \mid p(x)\}$ は動物の集合 $Q = \{\, x \mid q(x)\}$ の部分集合となり、$P \subset Q$ が成立します。したがって、

$p(x) \Rightarrow q(x)$、つまり、

$$x は人間である　\Rightarrow　x は動物である　……①$$

が成立します（§2−9）。

　この①を見ると、「x は人間である」ということは、それだけで十分に「x は動物である」ことがわかります。そこで、「x は人間である」を「x は動物である」ための**十分条件**ということにします。

　また、「x は動物である」ということは、「x は人間である」ための必要な条件にすぎません。そこで、「x は動物である」を「x は人間で

ある」ための**必要条件**ということにします。

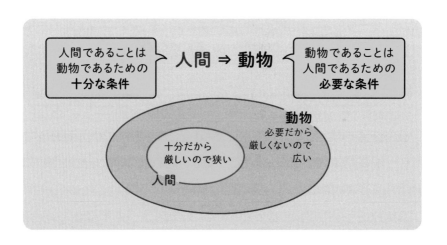

人間であることは
動物であるための
十分な条件

人間 ⇒ 動物

動物であることは
人間であるための
必要な条件

動物
必要だから
厳しくないので
広い

十分だから
厳しいので狭い

人間

　一般に、

　「全体集合 U の任意の要素 x に対して $p(x) \to q(x)$ がつねに真」

のとき、つまり、

　　　　$p(x) \Rightarrow q(x)$ のとき、

　　　　$p(x)$ を $q(x)$ であるための**十分条件**

　　　　$q(x)$ を $p(x)$ であるための**必要条件**

といいます。

　上記のことを $p(x)$、$q(x)$ を満たす集合 P、Q のベン図で表すと、

次のようになります。

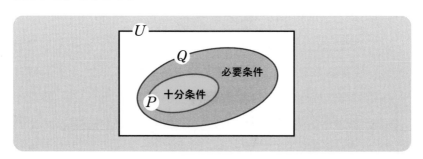

U

Q

必要条件

P 十分条件

必要条件と十分条件の覚え方

十分条件、必要条件は簡単なようでよく間違って使われます。次の図や言葉でしっかり使い方を覚えておきましょう。

〔覚え方1〕 ┼━━━━━━━✕

〔覚え方2〕「十分な人は必要な人にあげ、必要な人は十分な人からもらう」として矢印で覚える。

十分 ━━━━━▶ 必要
あげる　　もらう

〔例〕 条件 $p(x)$、$q(x)$ として次の例を考えてみましょう。

$p(x)$：x は画家

$q(x)$：x は芸術家

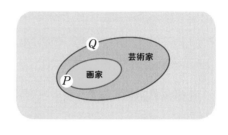

このとき、

x は画家　⇒　x は芸術家

が成立します。

したがって、「x は画家」は「x は芸術家」であるための十分条件、「x は芸術家」は「x は画家」であるための必要条件となります。

十分 ━━━━━▶ 必要
画家　　　　芸術家

ただ、実際の会話では x を取り去って、「画家である」ことは「芸術家である」ための十分条件、「芸術家である」ことは「画家である」ための必要条件などといいます。

$p(x) \Leftrightarrow q(x)$ が成立するとき $p(x) \Rightarrow q(x)$ と $q(x) \Rightarrow p(x)$ の両方が成立します（§2−10）。したがって、$p(x) \Leftrightarrow q(x)$ が成立するとき、一方は他方の**必要かつ十分な条件**となります。そこで、このとき、一方は他方の**必要十分条件**ということにします。また、このとき、$p(x)$ と $q(x)$ は**同値**であるともいいます。$p(x)$ と $q(x)$ の表現は異なっていても $p(x)$ と $q(x)$ の表す集合は同じになるからです。

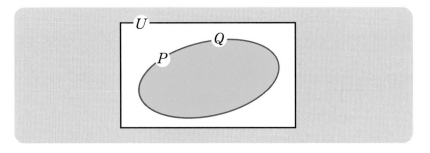

〔例〕条件 $p(x)$, $q(x)$ として次の例を考えてみましょう。

　　$p(x)$：x は市長を選ぶ選挙権を持っている

　　$q(x)$：x は日本国民で満18歳以上であり、引き続き3か月以上

　　　　　その都道府県内の同一の市区町村に住所がある

　　このとき、$p(x) \Leftrightarrow q(x)$ となるので、一方は他方の必要十分条件となります。

まとめ　$p(x) \Rightarrow q(x)$ のとき、

　　　　$p(x)$ は $q(x)$ であるための**十分条件**

　　　　$q(x)$ は $p(x)$ であるための**必要条件**

　　　$p(x) \Leftrightarrow q(x)$ のとき、$p(x)$ と $q(x)$ はお互いに必要十分条件

プロローグ

やさしい論理学
第1章 論理を表で考える

やさしい論理学
第2章 論理を図形で考える

やさしい論理学
第3章 論理雑学

付録

Section 2-12 | 全称命題とその真偽

「すべてのスワンは白い」というように、**全体集合 U のすべての要素がある条件を満たしているかどうかという命題**を考えてみます。

全称命題とは

集合 U で考えられた条件を $p(x)$ とするとき、

「集合 U に属するすべての要素 x は $p(x)$ である」

ということを次のように書きます。

$$\forall x \in U, \ p(x)$$

または、U が自明なときにはこれを省略して、簡単に、

$$\forall x, \ p(x)$$

と書き「**すべての x に対して $p(x)$ である**」と読みます。これは、真偽の判定できる命題といえます。

記号 $\forall x$ は「**すべての x**」を意味するもので、$\forall$ を**全称記号**といい、全称記号を含む命題を**全称命題**といいます。

（注）記号 $\forall$ は all の頭文字 a を大文字 A にし、上下を逆さまにしたものです。

〔例〕「すべての人間は肉を食べる」は全称記号 $\forall$ を用いて

$$\forall x \in H、x は肉を食べる$$

と書けます。ただし、人間（human）の集合を H としました。

〔例〕「すべてのスワンは白い」は全称記号 $\forall$ を用いて

$$\forall x \in S、x は白い$$

と書けます。ただし、地球上のスワンの集合を S としました。

全称命題の真偽

全称命題「$\forall x \in U,\ p(x)$」は、すべての $x \in U$ に対して $p(x)$ であることを主張するものです。したがって、$p(x)$ を条件とする集合を P とすると、P が全体集合 U と一致するとき「$\forall x \in U,\ p(x)$」は真となり、そうでないとき偽となります。つまり、

$$P = U \text{ のとき} \quad \forall x \in U,\ p(x) \quad \text{は真} \quad \cdots\cdots①$$

$$P \neq U \text{ のとき} \quad \forall x \in U,\ p(x) \quad \text{は偽} \quad \cdots\cdots②$$

となります。このことをベン図で表せば次のようになります。

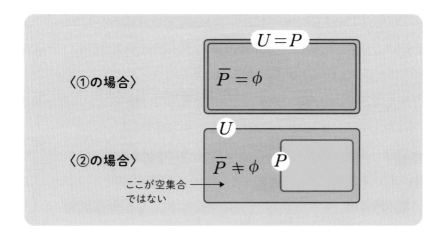

〔例〕「A 社の社員はすべて上昇志向である」という命題は、A 社の社員全員が上昇志向であれば真ですが、一人でも上昇志向でない社員がいれば偽となります。つまり、この命題は A 社の社員の集合と、A 社の上昇志向の社員の集合が一致すれば真、そうでなければ偽となります。

〔例〕「すべての人間は死ぬ」については、人間の集合と、死ぬ人の集合が一致しています。よって、「すべての人間は死ぬ」は真です。もちろん、死なない人が今後現れれば、この命題は偽になります。

反例

全称命題「$\forall x \in U,\ p(x)$」が偽であることを示すには、②からわかるように $P \neq U$ を示せばよいのです。そのためには、U の要素で $p(x)$ が真でない（成り立たない）例を1つ示してあげればよいのです。このような例を**反例**といいます。

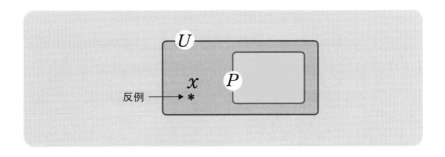

〔例〕「すべてのスワンは白い」は、1697年にオーストラリアで1羽の白でないスワン（黒いスワン）が発見されたため偽となります。

黒いスワン

Section 2-13 特称命題とその真偽

「白くないスワンがいる」というように、全体集合 U の一部の要素に着目し、それがある条件を満たしているかどうかという命題を考えてみましょう。

特称命題とは

集合 U で考えられた条件を $p(x)$ とするとき、「U に属するある要素 x は $p(x)$ である」、すなわち、

「$p(x)$ が真となるような U の要素 x が存在する」

ということを次のように書きます。

$$\exists x \in U,\ p(x)$$

または、U が自明のときにはこれを省略して、簡単に、

$$\exists x,\ p(x)$$

と書き「ある x に対して $p(x)$ である」と読みます。

記号 $\exists x$ は「ある x」または「x が存在する」を意味するもので、$\exists$ を**特称記号**といいます。そして、特称記号を含む命題を**特称命題**といいます。

（注）　記号 $\exists$ は exist の頭文字 e を大文字 E にし、左右を逆にしたものです。

〔例〕「議論を好む人がいる」は

$$\exists x \in H、x は議論を好む$$

と書けます。ただし、人間の集合を H としました。

〔例〕「白くないスワンがいる」は

$$\exists x \in S、x は白くない$$

と書けます。ただし、地球上のスワンの集合を S としました。

特称命題の真偽

特称命題「$\exists x \in U , p(x)$」は $p(x)$ が真となる U の要素 x が存在することを主張するものです。したがって、条件 $p(x)$ を満たす集合 P が空集合でないとき「$\exists x \in U , p(x)$」は真となり、そうでないとき偽となります。

$$P \neq \phi \quad \text{のとき} \quad \exists x \in U , p(x) \quad \text{は真} \quad \cdots\cdots ①$$

$$P = \phi \quad \text{のとき} \quad \exists x \in U , p(x) \quad \text{は偽} \quad \cdots\cdots ②$$

このことをベン図で表せば次のようになります。ただし、ϕ は要素が1つもない空集合を意味します。

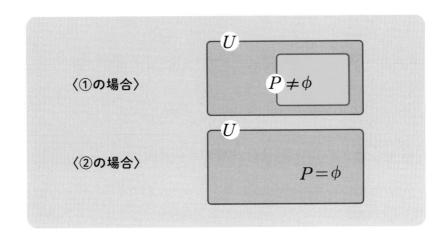

〔例1〕「ある日本人は身長が190cm 以上である」については、実際に身長が190cm 以上の人がいるので条件「身長が190cm 以上」を

満たす集合 P は空集合ではありません。したがって、「ある日本人は身長が 190cm 以上である」、つまり、「$\exists x \in U$、x の身長が 190cm 以上」は真となります。ただし、U は日本人全員の集合です。

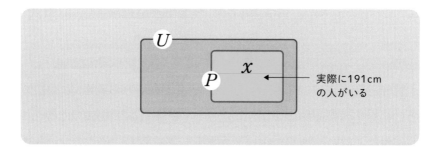

実際に 191cm の人がいる

〔例2〕「ある日本人は身長が 300cm 以上である」については、実際に身長が 300cm 以上の人がいないので、条件「身長が 300cm 以上」を満たす集合 P は空集合となります。したがって、「ある日本人は身長が 300cm 以上である」、つまり、「$\exists x \in U$、x の身長が 300cm 以上」は偽となります。ただし、U は日本人全員の集合です。

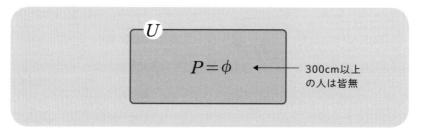

$P = \phi$

300cm 以上の人は皆無

全称命題と特称命題の関係

全称命題「$\forall x \in U,\ p(x)$」が真のときは、$p(x)$ を満たす x があるわけですから「$\exists x \in U,\ p(x)$」も真となります。ただし、この逆、つまり「$\exists x \in U,\ p(x)$」でも「$\forall x \in U,\ p(x)$」は成立しません。$p(x)$ を満たす x があったからといって、その他の x が $p(x)$ を満たすとは限らないからです。

Section 2-14 | 全称命題、特称命題の否定

　「すべての人間は哺乳類である」の否定は？——と問われると「すべての人間は哺乳類でない」と答える人が多いようです。また、「あるスワンは黒い」の否定はと問われると「あるスワンは黒くない」と答える人が目立ちます。この答えでいいのでしょうか？

全称命題を否定すると

　全称命題「$\forall x \in U, \ p(x)$」は、「Uのすべての要素xは$p(x)$である」ことを主張しています。したがって、その否定は

　　　　「Uのある要素xは$p(x)$でない」

　つまり、

　　　　「Uのある要素xが存在して $\sim p(x)$」

となります。これを記号で書くと「$\exists x \in U, \ \sim p(x)$」となります。

　以上、Uを省略してまとめると

　　　　$\sim [\forall x, \ p(x)] = \exists x, \ \sim p(x)$　……①

となります。

　つまり、全称命題の否定では、$\forall$が$\exists$になり、$p(x)$が$\sim p(x)$になります。文章に戻すと、次のようにまとめられます。

　「すべてのxは$p(x)$である」の否定は「あるxは$p(x)$でない」

　すると、冒頭の「**すべての人間は哺乳類である**」の否定は、「**ある人間は哺乳類でない**」、つまり、「**哺乳類でない人間が存在する**」とな

りforms。したがって、冒頭「すべての人間は哺乳類でない」は間違い
になります。なお、①をベン図で導くと下図のようになります。

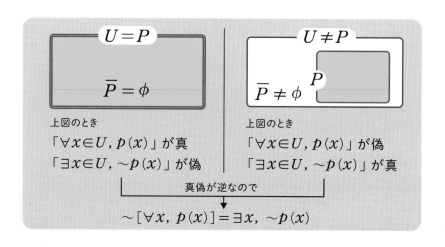

$U = P$

$\overline{P} = \phi$

$U \neq P$

$\overline{P} \neq \phi$　P

上図のとき
「$\forall x \in U, p(x)$」が真
「$\exists x \in U, \sim p(x)$」が偽

上図のとき
「$\forall x \in U, p(x)$」が偽
「$\exists x \in U, \sim p(x)$」が真

真偽が逆なので

$$\sim[\forall x, p(x)] = \exists x, \sim p(x)$$

〔例〕「デモに参加したすべての人は男である」を否定すると、「デモ
に参加したある人は男でない」となります。「デモに参加したすべて
の人は男でない」とはならないことに注意してください。

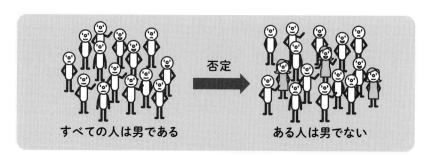

すべての人は男である　　　　　　　　　ある人は男でない

特称命題を否定すると

　特称命題「$\exists x \in U, p(x)$」は、「Uの要素xで$p(x)$であるものが存
在する」ことを主張しています。したがって、その否定は

　　　　　「U のどの要素 x でも $p(x)$ でない」

　つまり、

　　　　　「U のすべての要素 x に対して $\sim p(x)$」

となります。これを記号で書くと「$\forall x \in U, \ \sim p(x)$」となります。

　以上、U を省略してまとめると

　　　　$\sim [\exists x, \ p(x)] = \forall x, \ \sim p(x)$　……②

となります。つまり、特称命題の否定では、$\exists$ が $\forall$ になり、$p(x)$ が

$\sim p(x)$ になります。文章に戻すと、次のようにまとめられます。

　「ある x は $p(x)$ である」の否定は、「すべての x は $p(x)$ でない」

　すると、**冒頭の「あるスワンは黒い」の否定は「すべてのスワンは**

黒くない」 となります。したがって、冒頭の答え「あるスワンは黒く

ない」は間違いになります。

　なお、②をベン図で導くと下図のようになります。

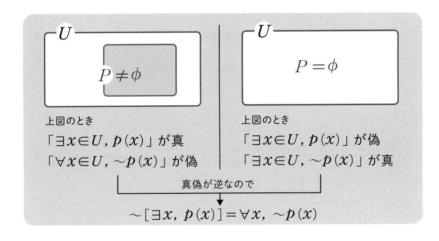

〔例〕「デモに参加したある人は女性である」（デモ参加者に女性がいる）の否定は「デモに参加したすべての人は女性でない」となります。

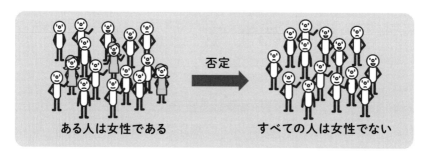

〔例〕「美味しいラーメン店がある」を否定すると「すべてのラーメン店は美味しくない」とか、「どのラーメン店も美味しくない」となります。ただし、厳密なことをいうと「美味しい」は客観性に問題があるので例としては不適切かも知れません。

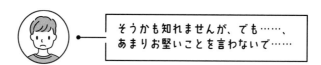

そうかも知れませんが、でも……、あまりお堅いことを言わないで……

まとめ 「すべての x は $p(x)$ である」の否定は「ある x は $p(x)$ でない」

$$\sim[\forall x,\ p(x)] = \exists x,\ \sim p(x)$$

「ある x は $p(x)$ である」の否定は「すべての x は $p(x)$ でない」

$$\sim[\exists x,\ p(x)] = \forall x,\ \sim p(x)$$

Section 2-15 | ちょっと複雑な全称命題、特称命題の否定

前節によると、全称命題と特称命題の否定は次のようになります。

全称命題の否定 $\sim[\forall x, p(x)] = \exists x, \sim p(x)$ ……①

特称命題の否定 $\sim[\exists x, p(x)] = \forall x, \sim p(x)$ ……②

ここでは、もう少し複雑な全称命題と特称命題の否定を調べてみましょう。そのために、再度、$\forall x$ と $\exists x$ の解釈を確認しておきます。

$\forall x$：すべての x、どんな x、あらゆる x、任意の x

$\exists x$：ある x、適当な x、x が存在する、x が見つかる

ちょっと複雑な全称命題の否定

「どんな人でも適当な人が存在して親友となる」、つまり

「だれだって親友は少なくとも 1 人はいる」

は論理記号を用いて、

$$\forall x \in U, \ (\exists y \in U, \ x と y は親友)$$

と書けます。ただし、U は人間の集合です。

この全称命題の否定は①より、

$$\sim[\forall x \in U, \ (\exists y \in U, \ x と y は親友)]$$
$$= \exists x \in U, \ \sim(\exists y \in U, \ x と y は親友)$$
$$= \exists x \in U, \ (\forall y \in U, \ \sim(x と y は親友))$$
$$= \exists x \in U, \ (\forall y \in U, \ x と y は親友でない)$$

つまり、

「どんな人とも親友とならない人が存在する」

言い換えれば

「誰とも親友になれない人がいる」

ということになります。

このような、ちょっと複雑な全称命題の否定をまとめると、次のようになります。ただし、$p(x, y)$はxとyに関する条件です。

$$\sim[\forall x \in U, (\exists y \in U, p(x, y))]$$
$$= \exists x \in U, (\forall y \in U, \sim p(x, y))$$

Uを省略してまとめると次のようになります。

$$\sim[\forall x, (\exists y, p(x, y))]$$
$$= \exists x, (\forall y, \sim p(x, y))$$

つまり、$\forall$と$\exists$が入れ替わり、$p(x, y)$が$\sim p(x, y)$になります。

ちょっと複雑な特称命題の否定

「ある人が存在して、どんな人とも親友となる」、つまり、

「誰とでも親友になれる人がいる」

は論理記号を用いて、

$$\exists x \in U, (\forall y \in U, x と y は親友)$$

と書けます。ただし、Uは人間の集合です。

この特称命題の否定は②より、

$$\sim[\exists x \in U, (\forall y \in U, x と y は親友)]$$
$$= \forall x \in U, \sim(\forall y \in U, x と y は親友)$$
$$= \forall x \in U, (\exists y \in U, \sim(x と y は親友))$$
$$= \forall x \in U, (\exists y \in U, x と y は親友でない)$$

つまり、

「どんな人でも親友になれない人を有している」

言い換えれば

　　　「人はだれでも親友でない人をもっている」

ということになります。

　このような、ちょっと複雑な全称命題の否定をまとめると、次のようになります。ただし、$p(x, y)$はxとyに関する条件です。

$$\sim [\exists x \in U, (\forall y \in U, p(x, y))]$$
$$= \forall x \in U, (\exists y \in U, \sim p(x, y))$$

Uを省略してまとめると次のようになります。

$$\sim [\exists x, (\forall y, p(x, y))]$$
$$= \forall x(\exists y, \sim p(x, y))$$

つまり、$\exists$と$\forall$が入れ替わり、$p(x, y)$が$\sim p(x, y)$になります。

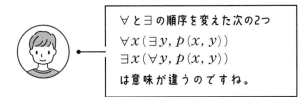

$\forall$と$\exists$の順序を変えた次の2つ
$\forall x(\exists y, p(x, y))$
$\exists x(\forall y, p(x, y))$
は意味が違うのですね。

Section 2-16 | 推論の有効性をベン図で判定

　「集合 U の任意の要素 x に対して $p(x) \to q(x)$ がつねに真」のとき「$p(x) \Rightarrow q(x)$」と書きました。このとき、集合 P は集合 Q の部分集合となり、$P \subset Q$ と書くことにしました。ただし P、Q は各々条件 $p(x)$、$q(x)$ を満たす集合です。

　また、下図は論理「$p(x) \Rightarrow q(x)$」と集合「$P \subset Q$」と図形「P が Q にスッポリと含まれるベン図」の3つの表現が同じ意味であることを示したものです（§2−9再掲）。このことを使って、第1章で紹介した推論の有効性をベン図で判定してみましょう。

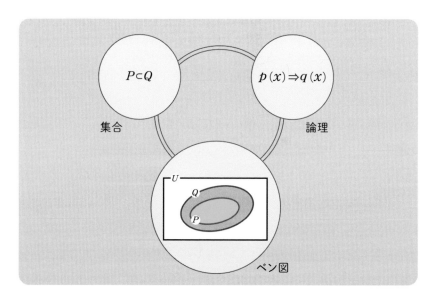

仮言三段論法とベン図

P、Q、Rは各々条件$p(x)$、$q(x)$、$r(x)$を満たす集合とします。このとき、

「$P \subset Q$　かつ　$Q \subset R$」であれば「$P \subset R$」　……①

となることは次のベン図からわかります。

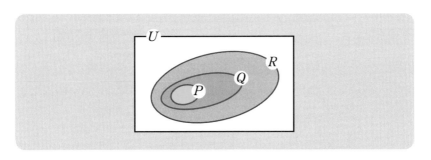

この①を集合P、Q、Rの条件$p(x)$、$q(x)$、$r(x)$で表現すると、次のようになります。

「$p(x) \Rightarrow q(x)$　かつ　$q(x) \Rightarrow r(x)$」ならば「$p(x) \Rightarrow r(x)$」…②

なお、これは§1−15で扱った有効な推論である**仮言三段論法**

$$\{(p \to q) \land (q \to r)\} \Rightarrow (p \to r) \quad ……③$$

に対応します。

③の有効性を調べるときには真理表を作りましたが、集合のベン図を見れば、仮言三段論法の妥当性が一目瞭然です。

（注）　②は全体集合Uの要素xがなんであってもという意味で、③は個々の命題p、q、rの真偽がなんであってもという意味です。

対偶を使った推論とベン図

P、Qは各々条件$p(x)$、$q(x)$を満たす集合で、$\overline{P}$、$\overline{Q}$は各々P、Qの補集合とします。このとき、ベン図より

　　　　　「$P \subset Q$　ならば　$\overline{Q} \subset \overline{P}$」……④

であることがわかります。

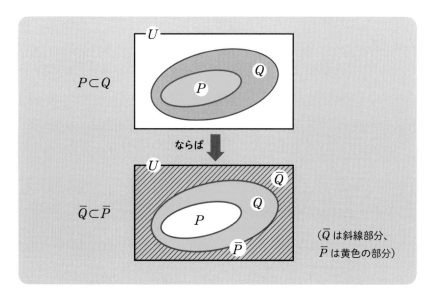

$P \subset Q$

ならば

$\overline{Q} \subset \overline{P}$

（$\overline{Q}$ は斜線部分、
$\overline{P}$ は黄色の部分）

　この④を集合 P、Q、$\overline{P}$、$\overline{Q}$ の条件 $p(x)$、$q(x)$、$\sim p(x)$、$\sim q(x)$ で表現すると、

　　　　　「$p(x) \Rightarrow q(x)$」であれば「$\sim q(x) \Rightarrow \sim p(x)$」

となります。

　なお、これは、§1−15で扱った有効な推論である対偶式

　　　　　$(p \rightarrow q) \Rightarrow (\sim q \rightarrow \sim p)$

に対応します。

三段論法肯定式とベン図

　P、Q は各々条件 $p(x)$、$q(x)$ を満たす集合とします。このとき、ベン図より、

　　　　　「$(P \subset Q) \wedge (x \in P)$　ならば　$x \in Q$」……⑤

であることがわかります。

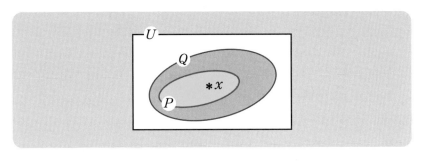

この⑤を集合 P、Q の条件 $p(x)$、$q(x)$ で表現すると、

$$(p(x) \Rightarrow q(x)) \land p(x) \quad ならば \quad q(x)$$

となります。

なお、これは、§1−15で扱った有効な推論である三段論法肯定式

$$(p \to q) \land p \Rightarrow q$$

に対応します。

三段論法否定式とベン図

P、Q は各々条件 $p(x)$、$q(x)$ を満たす集合とします。このとき、ベン図より、

$$「(P \subset Q) \land (x \notin Q) \quad ならば \quad x \notin P」 \cdots\cdots⑥$$

であることがわかります。

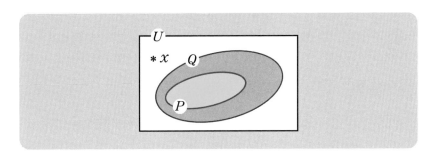

この⑥を集合P、Qの条件、$p(x)$、$q(x)$で表現すると、

$$(p(x) \Rightarrow q(x)) \land \sim q(x) \quad \text{ならば} \quad \sim p(x)$$

となります。

なお、これは、§1−15で扱った有効な推論である三段論法否定式

$$\{(p \rightarrow q) \land \sim q\} \quad \Rightarrow \quad \sim p$$

に対応します。

簡約の法則とベン図

P、Qは各々条件$p(x)$、$q(x)$を満たす集合とします。このとき、ベン図より、

$$(P \cap Q) \subset P \quad \cdots\cdots \text{⑦}$$

であることがわかります。

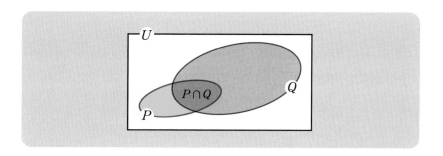

ここで、$P \cap Q = \{x \mid p(x) \land q(x)\}$です。

したがって、この⑦を集合P、Qの条件$p(x)$、$q(x)$で表現すると、

$$p(x) \land q(x) \Rightarrow p(x)$$

となります。

なお、これは、§1−15で扱った有効な推論である簡約の法則

$$(p \land q) \Rightarrow p$$

に対応します。

プロローグ

やさしい論理学
第1章 論理を表で考える

やさしい論理学
第2章 **論理を図形で考える**

やさしい論理学
第3章 論理雑学

付録

付加の法則とベン図

P、Qは各々条件$p(x)$、$q(x)$を満たす集合とします。このとき、ベン図より、

$$P \subset (P \cup Q) \quad \cdots\cdots⑧$$

であることがわかります。

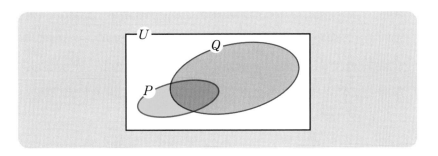

ここで、$P \cup Q = \{x \mid p(x) \vee q(x)\}$です。

したがって、この⑧を集合P、Qの条件$p(x)$、$q(x)$で表現すると、

$$p(x) \Rightarrow p(x) \vee q(x)$$

となります。

なお、これは、§1－15で扱った有効な推論である付加の法則

$$p \Rightarrow (p \vee q)$$

に対応します。

謬論とベン図

P、Qは各々条件$p(x)$、$q(x)$を満たす集合とし$\overline{P}$、$\overline{Q}$は各々P、Qの補集合とします。このとき、

$$「P \subset Q \quad ならば \quad \overline{P} \subset \overline{Q}」 \quad \cdots\cdots⑨$$

は成立しません。その理由は次のベン図を見れば明らかです。

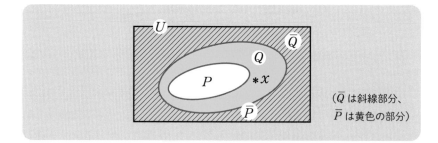

$(\bar{Q}$ は斜線部分、
$\bar{P}$ は黄色の部分)

また、Q の要素ではあるが P の要素ではない要素 x に着目しても明らかです。つまり、「$p(x) \to q(x)$」が真でも「$\sim p(x) \to \sim q(x)$」が真とはなりません。

なお、このことは、「$(p \to q) \to \{(\sim p) \to (\sim q)\}$ が<ruby>謬論<rt>びゅうろん</rt></ruby>（誤った議論）」（§1−15）であることのベン図としての解釈です。

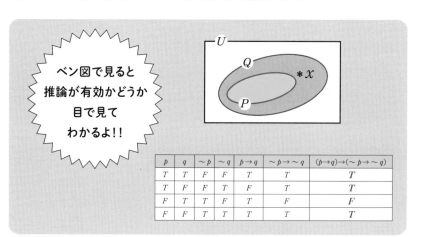

ベン図で見ると
推論が有効かどうか
目で見て
わかるよ!!

p	q	$\sim p$	$\sim q$	$p \to q$	$\sim p \to \sim q$	$(p \to q) \to (\sim p \to \sim q)$
T	T	F	F	T	T	T
T	F	F	T	F	T	T
F	T	T	F	T	F	F
F	F	T	T	T	T	T

プロローグ

やさしい論理学
第1章　論理を表で考える

やさしい論理学
第2章　論理を図形で考える

やさしい論理学
第3章　論理雑学

付録

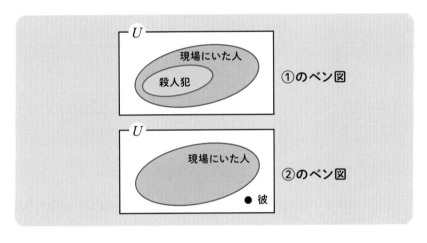

次の (1)、(2) の推論について、その正否をベン図を用い
て調べてみましょう。

遊び

(1) 殺人を犯した人は、そのとき殺人現場にいた　……①
　　　彼はそのとき殺人現場にいなかった　……②
　　　よって
　　　　　彼は殺人犯ではない
〔推論の正否をベン図で調べる〕
　　　①、②をベン図で書いてみます。

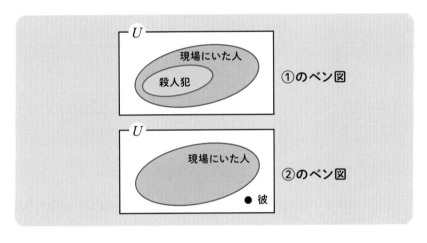

①、②のベン図から次のベン図が得られるので、(1) の
推論は正しい。

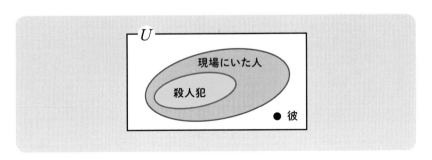

(2) 殺人を犯した人は、そのとき殺人現場にいた ……③

彼はそのとき殺人現場にいた ……④

よって

彼は殺人犯である

〔推論の正否をベン図で調べる〕

③、④をベン図で書いてみます。

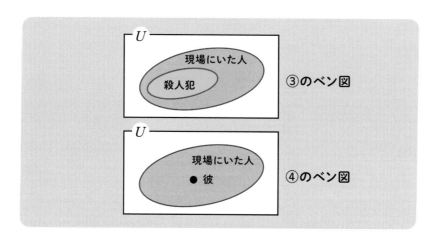

③、④のベン図からだけでは、彼が犯人の集合に属するかしないかは確定しないので、(2) の推論は間違いです。つまり、謬論となります。

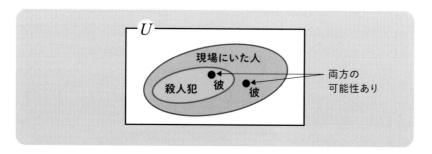

参考 **一般的な推論をベン図で見ると**

　「集合 U の任意の要素 x に対して $p(x) \to q(x)$ がつねに真」の
とき「$p(x) \Rightarrow q(x)$」と書きました。これは前提 $p(x)$ の集合 P が
結論 $q(x)$ の集合 Q の部分集合、つまり、$P \subset Q$ であることと同
じことを意味します。また、このことはベン図で表現すると次の
ようになります。

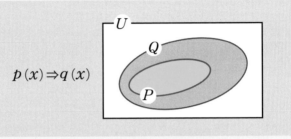

$$p(x) \Rightarrow q(x)$$

　この考え方を前提 $p(x)$ が n 個の条件 $p_1(x)$、$p_2(x)$、$\cdots$、$p_n(x)$
を用いて $p_1(x) \wedge p_2(x) \wedge \cdots \wedge p_n(x)$ となっている場合に拡張しま
しょう。

　集合 U の任意の要素 x に対して

$$\{p_1(x) \wedge p_2(x) \wedge \cdots \wedge p_n(x)\} \to q(x)$$

がつねに真であるとき、つまり、トートロジーであるとき、

$$p_1(x) \wedge p_2(x) \wedge \cdots \wedge p_n(x) \Rightarrow q(x)$$

と書きます。このことを集合で表現すれば、

$$(P_1 \cap P_2 \cap \cdots \cap P_n) \subset Q$$

となります。ただし、条件 $p_1(x)$、$p_2(x)$、$\cdots$、$p_n(x)$ を満たす集
合を各々 P_1, P_2, $\cdots$, P_n とします。また、このことをベン図で
表現すれば次ページの図のようになります。

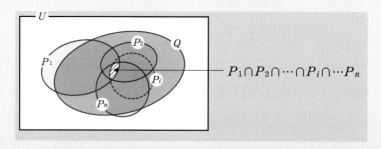

$$P_1 \cap P_2 \cap \cdots \cap P_i \cap \cdots P_n$$

（注）　集合P_1, P_2, …, P_nの中には集合Qに含まれず、はみだしていることがありますが、P_1, P_2, …, P_nの共通部分（積集合）

$$P_1 \cap P_2 \cap \cdots \cap P_i \cap \cdots \cap P_n$$

が集合Qの部分集合になっていれば$p_1(x) \wedge p_2(x) \wedge \cdots \wedge p_n(x) \Rightarrow q(x)$が成立します。

　なお、$p_1(x) \wedge p_2(x) \wedge \cdots \wedge p_n(x) \Rightarrow q(x)$が成立しない、つまり、謬論になるのは$(P_1 \cap P_2 \cap \cdots \cap P_n) \subset Q$が成立しないときです。これは、つまり、$P_1 \cap P_2 \cap \cdots \cap P_n$、または、その一部が$Q$からはみだしているときです。

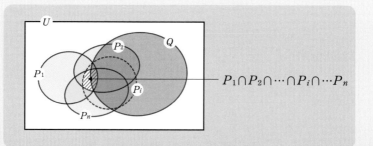

$$P_1 \cap P_2 \cap \cdots \cap P_i \cap \cdots P_n$$

やさしい論理学
第 3 章

論理雑学

いろいろな論理の世界

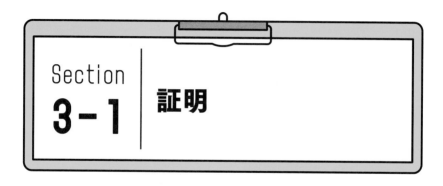

学生時代に数学嫌いだった人は「証明」には鳥肌がたったかも知れません。しかし、せっかくここまで論理に挑戦してきたのですから、冷めた目で「証明」とは何かを振り返ってみましょう。それに、「証明」の考え方そのものは日常生活にも活かすことができます。

証明とは

前提をもとに推論を繰り返せば、前提と結論の間にいくつかの命題の系列が生まれます。

$$前提 \underset{推論}{\to} 命題 \underset{推論}{\to} 命題 \underset{推論}{\to} \cdots \underset{推論}{\to} 命題 \underset{推論}{\to} 結論$$

このとき、推論が謬論であれば、前提が正しくても結論が真とは限りません。しかし、**前提が真で、各段階で使われる推論がすべて有効な推論を繰り返せば、中間の命題はすべて真で最後の結論も真**となります。

このとき、中間の命題は、その前の命題を前提とする結論であるとともに、それに続く命題を結論とする前提となります。

$$前提 \underset{有効な推論}{\Rightarrow} \overset{前提}{\underset{結論}{命題}} \underset{有効な推論}{\Rightarrow} \overset{結論}{\underset{前提}{命題}} \underset{有効な推論}{\Rightarrow} \cdots \underset{有効な推論}{\Rightarrow} 命題 \underset{有効な推論}{\Rightarrow} 結論$$

そこで、証明を次のように定義します。

「真である前提から有効な推論を使って結論を導くことを証明という」

したがって、「証明」は数学以外の世界でもすごく大事な考え方です。

（注）　数学の場合、証明して得られた結論は**定理**と呼ばれます。

直接証明と間接証明

証明は次の2つに分類されます。

(1)　直接証明

真と認められた命題（前提）から出発し、次々と有効な推論を続けることで結論が真であることを証明するのが**直接証明**です。

$$p \Rightarrow q_1, \ q_1 \Rightarrow q_2, \ q_2 \Rightarrow q_3, \ \cdots, \ q_k \Rightarrow q \quad \text{ゆえに} \quad p \Rightarrow q$$

(2)　間接証明

ある命題が真であることを証明するには、これと同値な他の命題が真であることを証明すればよいのです。なぜならば、同値な命題同士は真偽が一致しているからです。与えられた命題が真であることを証明するよりも、それと同値な他の命題が真であることを証明するほうが簡単な場合が少なくありません。このような場合、もとの命題と同値な他の命題を証明することで、もとの命題が真であることを証明することができます。この証明法で有名なものに、**対偶法**があります。これは、

$$p \Rightarrow q \text{を証明するのに、これと同値な} \quad \sim q \Rightarrow \sim p$$

を証明する方法です。

このように、**間接的にもとの命題が真であることを証明する方法を****間接証明**といいます。間接証明は対偶法だけではありません。間接証明として有名なものに**背理法（帰
謬法）**があります。これについては次の節で触れることにします。

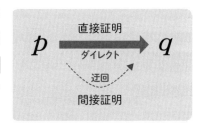

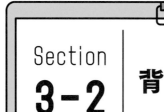

Section 3-2 ｜ 背理法

　ある命題が真であることを証明するには、直接証明と間接証明の2通りがありますが、**背理法**は間接証明に相当します。背理法は次の論理に基づいて「*q*である」を説得する方法です。

「*q*でない」と仮定すると矛盾「*r*かつ*r*でない」が生じる。

それゆえ「*q*である」

　私たちは人生において「認められない」「許せない」ことを数多く経験しています。論理の世界でも、絶対に認められないことがあります。それは、人間であって人間でないこと、生きていて生きていないこと、……、つまり、「**_r_であって_r_でない**」ことです。このことを論理の世界では**矛盾**といいます。

　「*q*でない」として生じる矛盾「*r*であって*r*でない」の*r*はなんでもいいのです。たとえば、*r*として「人間」とすれば矛盾は「人間であって人間でない」となり、*r*として「偶数」とすれば矛盾は「偶数であって偶数でない」となります。

（注）　背理法は高校数学の早い段階で扱われています。

〔例1〕高校1年生が数学で学ぶ「$\sqrt{2}$ は無理数である」を背理法で証明する手順は次のようになります。

①　$\sqrt{2}$ が無理数（$\dfrac{\text{整数}}{\text{整数}}$の形に書けない数）でないとしてみる。

158

つまり、$\sqrt{2}$ が $\dfrac{整数}{整数}$ の形に書けたとしてみる。ただしこの分数は既約分数（分母分子に1以外の共通の約数がない）とする。

②　このことをもとに正しい計算（ここでは考え方の紹介なので省略）をしていくと、**既約分数としたのに既約分数でないことが導かれてしまう。つまり、矛盾が生じてしまう。**

③　よって、「$\sqrt{2}$ は無理数である」を認める。

〔**例2**〕「太郎くんは犯人ではない」を背理法で証明する手順は次のようになります。

①　「太郎くんは犯人である」としてみる。

②　このことをもとに調べてみると、太郎くんは東京とニューヨークの両方に滞在したことになる。つまり、矛盾「太郎くんは東京に滞在し、なおかつ、東京に滞在していない」が発生する。

　……どう調べたかは問わないことにしてください。あくまでも、考え方だけです。

③　よって、「太郎くんは犯人ではない」を認める。

参考　**同一律、矛盾律、排中律**

論理学の基礎をなす同一律、矛盾律、排中律を紹介しましょう。つまり、論理学は以下のことを前提に成立しているのです。

(1) **同一律**：A は A である

(2) **矛盾律**：A は非 A ではない

(3) **排中律**：A でも非 A でもないものは存在しない

上記の (1) は明らかです。(2) は集合の記号を使えば $A \cap \overline{A} = \phi$ となります。また、(3) をベン図式で表せば右図のようになります。

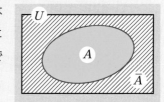

前提が真で、各段階で使われる推論がすべて有効な推論であれば、中間の命題はすべて真で、最後の結論も真となります。したがって、たくさんの真なる命題を得ることができます（§3−1）。

前提 ⇒ 命題 ⇒ 命題 ⇒ … ⇒ 命題 ⇒ **結論**

しかし、推論の出発点とした最初の前提の真については、誰がどうやって示すことができるのでしょうか。

公理主義

推論の出発点とした最初の前提の真については、残念ながら、誰もそれが真であることを判定することはできません。それゆえ、推理の立脚点となる最初の前提については、私たちは、これを承認するしかありません。このとき、疑わずに正しいと承認する最初の前提のことを**公理**といいます。**公理が正しいとすれば、そこから有効な推論で導き出されるさまざまな命題はすべて正しい**として認めることができます。これを**公理主義**といいます。

この公理主義に基づいて最初に作られた理論の体系が、紀元前古代ギリシャの**ユークリッド幾何学**なのです。以下に、一般の私たちにわかりやすいように、ユークリッドの『幾何学原本』の表現を少し変えて紹介しましょう。

　この幾何学では、最初に真なる命題と考えたものを「公理」と呼ぶことにしました。これには次の5つがあげられます。

公理Ⅰ：任意の点と、これと異なる他の任意の点とを結ぶ直線をひくことができる。

公理Ⅱ：任意の線分は、これを両方へいくらでも延長することができる。

公理Ⅲ：任意の点を中心として、任意の半径で円を描くことができる。

公理Ⅳ：直角はすべて等しい。

公理Ⅴ：任意の直線とその直線外の任意の1点が与えられているときに、その1点を通ってその直線に平行な直線はただ1本に限る。

（注）　公理Ⅴについてはわかりやすいように、ユークリッド幾何学のもとの文章を意味を変えずに表現を書き換えています。

　基本的には、この5つの公理を万人が真と認めるものとし、これをもとに有効な推論を用いてさまざまな結論を導き出しました。こうして得られた図形に関する膨大な性質の集大成が「ユークリッド幾何学」なのです。

公理Ⅰ、Ⅱ、Ⅲ、Ⅳ、Ⅴ

有効な推論

・二等辺三角形の底角は等しい
・円周角は等しい
・ピタゴラスの定理
・メネラウスの定理、チェバの定理
・…………
・…………

このように、最初に正しいと思われる公理を設定し、そこから有効な推論のみを用いて次々と正しい結論を導き、一つの理論の体系を構築する**公理主義**は科学の理想とされました。そのため、ユークリッド幾何学は『聖書』についで、多くの人に読まれたといわれています。

公理の条件

最初に「正しい」と認めてしまう公理については、次の条件が満たされていなければなりません。

(1) 公理が矛盾を含まない（無矛盾性）

(2) 公理の内容に重複がない（無独立性）

(1) は設定した複数の公理の中に、一方が他方の否定であるものがあってはいけないということであり、(2) は理論をできるだけ簡潔にするためで、これは (1) ほど強い条件ではありません。

公理は仮定にすぎない

紀元前300年頃にユークリッド幾何学ができあがったわけですが、その後、多くの人々が公理Vについて疑問を抱きました。その疑問とは、「公理Vは公理ではなく、公理Ⅰ～Ⅳから導き出される定理ではないか」ということです。

定理とは公理から有効な推論で導き出された結論のことです。そこで多くの数学者が公理Ⅰ～Ⅳをもとに公理Vを証明しようとしましたが、誰も果たせませんでした。

この疑問が解決されたのはなんとユークリッド幾何学ができあがってから2000年も経過した19世紀でした。

ロバチェフスキー（ロシア：1793 ～ 1856）は公理Vを否定して「**平行線は1本ではない**」という公理V′を仮定したのです。つまり、

> 公理Ⅴ′：任意の直線とその直線外の任意点が与えられていると
> きに、その1点を通ってその直線に平行な直線はただ1本とは
> 限らない。

　公理Ⅴが公理Ⅰ〜Ⅳから導かれるなら、公理Ⅰ〜Ⅳと公理Ⅴを否定
した公理Ⅴ′から矛盾が導き出されるはずです。

　ところが、いくら証明を続けても何も矛盾は起こりませんでした。
したがって、**公理Ⅴは定理ではなく、れっきとした公理であることが
判明**しました。

　さらに、矛盾どころか、驚いたことに公理Ⅰ〜Ⅳと公理Ⅴ′からま
ったく別の新しい幾何学ができあがってしまったのです。この新たな
幾何学は**非ユークリッド幾何学**と呼ばれています。

　ロバチェフスキーのおかげで非常に重要なことがわかりました。そ
れは、公理主義において、**公理は正しいと認められるかどうかではな
く、あくまでも仮定にすぎない**ということです。この「**公理は仮定**」
という考えは多くの学問分野に影響を及ぼしています。

（注）　公理Ⅴは多くの人が正しいと認め、公理Ⅴ′はおかしい、間違っているということ
でしょう。それは、身近な世界を近視眼的に見ているからかも知れません。実際に、宇
宙空間のようにスケールの大きな空間においては非ユークリッド幾何学が本領を発揮し
ます。

常識にドップリ浸かっていると
新たな世界が見えてこないのかも

参考 非ユークリッド幾何学

　非ユークリッド幾何学は次の2つに分類されています。

（イ）双曲線幾何学

　ユークリッド幾何学の公理Ⅴの代わりに次の公理Ⅴ″を採用した幾何学を**双曲線幾何学**といいます。この幾何学では平行な直線は無数にあり、三角形の内角の和は2直角（180°）よりも小さくなります。

> 公理Ⅴ″：任意の直線とその直線外の任意の1点が与えられているときに、その1点を通ってその直線に平行な直線は少なくとも2つある。

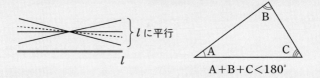

$$A+B+C<180°$$

（ロ）楕円幾何学

　ユークリッド幾何学の公理Ⅴの代わりに次の公理Ⅴ‴を採用した幾何学を**楕円幾何学**といいます。この幾何学では平行な直線はまったく存在せず、どんな2直線も必ず交わります。また、三角形の内角の和は2直角よりも大きくなります。

> 公理Ⅴ‴：任意の直線とその直線外の任意の1点が与えられているときに、その1点を通ってその直線に平行な直線は存在しない。

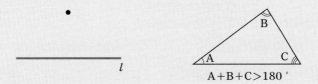

$$A+B+C>180°$$

Section 3-4 | 強弁とは

　本書は論理的な考え方を紹介したものですが、おおよそ論理とはかけ離れた世界に「**強弁**」があります。強弁とは、簡単にいえば「無理が通って道理がひっこむ」言いわけ術のことです。

　この強弁に対しては多くの場合、議論は無意味です。なにしろ、強弁を支える正当な理論がないのですから。

〔例1〕

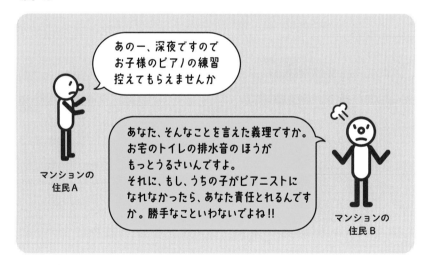

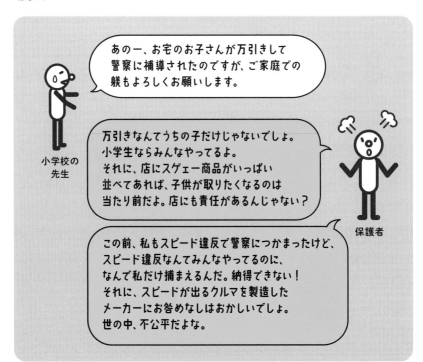

　強弁の例はあげればきりがありません。いずれも相手の言うことに聞く耳をもたず、自分の言いたいことを一方的にまくしたてる傾向があります。

プロローグ

やさしい論理学
第1章 論理を表で考える

やさしい論理学
第2章 論理を図形で考える

やさしい論理学
第3章 論理雑学

付録

参考 〈 「論理力」は一生の宝物だ!

　論理学に関する本を読むと、「論理学をマスターすることと、議論に強くなることはあまり関係ない」という文章に出会うことは珍しくありません。実際問題、前ページで紹介した「強弁」には論理学もなす術がありません。なにしろ、**論理が欠落している話なので、議論がかみ合うはずがない**のです。

　会議の席に臨んで、その場ではうまく受け答えができず、その終了後に「ああいえばよかった」とか「彼の論理はおかしいのでは」と気がつく人が多いのではないでしょうか。

　論理を学んでも、明日から急に議論に強くなることは、おそらく望み薄でしょう。議論は「互いに自分の説を述べて論じ合う」ことですが、これに強くなるには努力と共に、多少の天分も必要なのかも知れません。

　論理を学んで、結果として議論に強くなれなかった……としても決して悲観することはありません。後になって冷静に考えたとき、「彼の論理はおかしかった」と気づくだけでもすごいことです。正しい論理を身につけることは、生きていく上でも仕事をしていくことでも非常に大事なことです。

　先に紹介したことですが、**「消費税を上げれば社会福祉は充実する。逆に、消費税を上げなければ社会福祉は充実できません」**と政治家が発した論理に、「そうか」と納得しないで「うっそー」と疑問が湧いてくるようになれば、論理を学んだ甲斐があるというものです。それに、論理学を学ぶことによって、どういう論理が正しいかを人に聞かずに自分で判断できるようになります。これぞまさしく一生の宝物です。

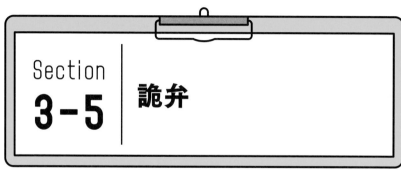

「強弁」と似たようなものに「**詭弁**」があります。参考までに、「詭弁」を国語辞典で調べてみましょう。

詭 弁

① 道理に合わない弁論、こじつけの議論を意味する。
② 一見もっともらしい推論だが、何らかの謬論を含むと疑われるもの。相手をあざむいたり、困らせる議論の中で意図的に使われることもある。

上記の①の解釈においては、強弁とほぼ変わりません。しかし、②の解釈においては「強弁が一方的な傾向が強い」のに対し、「詭弁は相手を心よりその気にさせる」、あるいは「相手を言いくるめる」などの傾向があるようです。

なお、②の解釈は多少なりとも論理学を学んでいないと正確な理解は得られないかも知れません。そこで、ここでは第1章、第2章で紹介した論理との関係で「詭弁」の例を見てみることにしましょう。そうすることで、**詭弁は謬論であること**がわかります。

〔例1〕§1−9でも紹介しましたが、命題「p ならば q」とその裏命題「p でないならば q でない」は同値ではありません。つまり、真偽

が一致していないのです。それなのに、あたかも同値であるかのように述べ立てて相手を説得する詭弁があります。

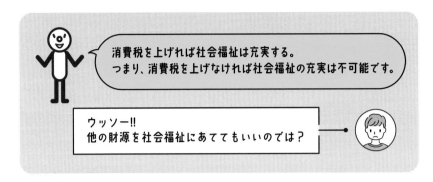

〔**例2**〕 命題「p ならば q」とその逆命題「q ならば p」は同値でない、つまり、真偽が一致していない（§1−9）のに、あたかも同値であるかのように述べ立てて相手を説得する詭弁があります。

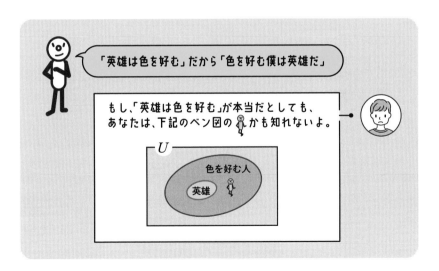

参考 　風が吹けば桶屋が儲かる

　強弁とも、詭弁とも判断しかねる表現に「**風が吹けば桶屋が儲かる**」があります。これは江戸時代の町人文学である浮世草子の一節であり、落語にもなっています。

　　　風が吹けば塵が舞って目が悪くなる。
　　　目が悪くなる人が多くなれば三味線が売れる。（注1）
　　　三味線が売れれば猫の皮が必要になって猫の数が減る。（注2）
　　　猫の数が減ればネズミが増えて桶がかじられて**桶屋が儲かる**。

　これは、「……ならば、……である」という判断が繰り返されて「風が吹けば桶屋が儲かる」が導き出されています。まさしく、

$$\textbf{前提} \underset{推論}{\rightarrow} 命題 \underset{推論}{\rightarrow} 命題 \underset{推論}{\rightarrow} \cdots \underset{推論}{\rightarrow} 命題 \underset{推論}{\rightarrow} \textbf{結論}$$

の世界です。

　一見、「なるほど！」と思ってしまう面もある反面、よく見ると、「……ならば、……である」という判断の中には説得力の乏しいものがいくつもあります。少し冷静に考えれば、受け入れがたい論理であることがわかります。

（注1）　盲人の生計手段に三味線の演奏や指導があったそうです。
（注2）　猫の皮は三味線の胴を張るために使われます。

「風が吹くと桶屋が儲かる」論法

Section 3-6 | 循環論法

「p ならば q」を証明するとき、「前提 p」と、場合によっては「その他のすでに正しいと証明された命題 r」を用い、有効な推論を重ねていくことで「命題 q」を導きます（図1）。

もし、このとき、命題 r の一部に結論 q から導かれたものが含まれている（図2）とすれば、それは正しい証明だといえるでしょうか。これは結論 q の正しいことを証明するために、結論 q の一部を使った誤りで、**論点先取りのミス**と呼ばれています。この種のミスには以下に紹介する**循環論法**があります。

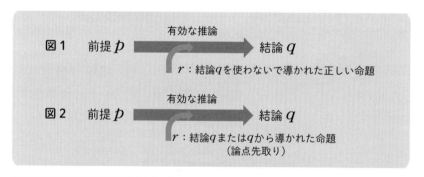

図1　前提 p　　有効な推論　　→　結論 q
　　　　r：結論 q を使わないで導かれた正しい命題

図2　前提 p　　有効な推論　　→　結論 q
　　　　r：結論 q または q から導かれた命題
　　　　　　（論点先取り）

証明における循環論法

命題 q を導くのに命題 p を使い、命題 p を導くのに命題 r を使い、命題 r を導くのに命題 q を使ったら、論理的根拠がぐるぐる回ってしまい、何を根拠にしたのかわからなくなります。論理的に堂々めぐりです。このような論法は循環論法と呼ばれ、謬論となります。

定義における循環論法

　証明における循環論法とは別に、言葉や事柄などの定義における循環論法があります。これは、言葉や事柄を定義する際に、定義されるべき当の言葉や事柄を使った場合です。

　たとえば「北とは南の反対の方角であり、南とは北の反対の方角である」──これでは北と南が、結局どの方角なのかサッパリわかりません。

〔例〕ちょっとショッキングな話ですが、多くの人が中学生や高校生のときに学んだ「確率の定義」を調べてみましょう。そこには、確率が次のように定義されています。

> 全体の起こり方が N 通りで、それらは**すべて同様に確からしく起こる**ものとする。そのなかで、事柄 A の起こり方が r 通りであれば、$\dfrac{r}{N}$ を事柄 A の**確率**という。

　確率を定義するのに、なんと、確率の概念（アンダーラインの部分）を使ってしまっています。

Section 3-7 | 演繹と帰納

　演繹（deduction）と帰納（induction）という言葉にはむずかしそうな響きがあります。科学の世界ではよく使われますが、日常生活ではほとんど使われていないようです。しかし、この2つの言葉が意味する考え方そのものは、私たちの誰もが実際に使って生きています。

演繹とは

　演繹とは、**普遍的な命題から特殊な命題を導き出す推論のこと**です。普遍的な命題とは、どんな物事にもあてはまる法則、原理、原則、数学の公式や定理などがこれに当てはまります。特殊な命題とは普遍的な命題を個々の具体的な事例に当てはめたものです。

〔例1〕「人間は死すべきものである。太郎くんは人間である。よって、太郎くんは死ぬ運命にある」

　ここで、「人間は死すべきものである」が**普遍的な命題**、「太郎くんは死ぬ」が**特殊な命題**に相当します。

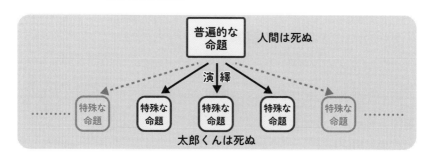

174

〔例2〕「どんな自然数 n に対しても

$$1+2+3+\cdots+n = \frac{n(n+1)}{2} \quad \cdots\cdots①$$

が成立する。よって、n に 100 を代入した

$$1+2+3+\cdots+100 = \frac{100(100+1)}{2} \quad \cdots\cdots②$$

が成立する」

　ここで、①が普遍的な命題、②が特殊な命題に相当します。

帰納とは

　演繹とは逆に、**帰納**（きのう）とは、**いくつかの特殊な命題から普遍的な命題を導き出す推論のこと**です。個々の具体例から一般的な事柄を導き出す考え方です。

〔例1〕「A町のカラスもB町のカラスもC町のカラスも黒い。だから、どの町のカラスも黒い」

　ここで、「A町のカラスもB町のカラスもC町のカラスも黒い」がいくつかの特殊な命題に、「どの町のカラスも黒い」が普遍的な命題に相当します。

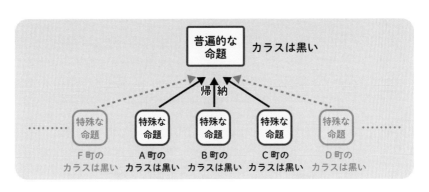

〔例 2〕　$1 = \dfrac{1 \times (1+1)}{2}$　……①

$1+2 = \dfrac{2 \times (2+1)}{2}$　……②

$1+2+3 = \dfrac{3 \times (3+1)}{2}$　……③

$1+2+3+4 = \dfrac{4 \times (4+1)}{2}$　……④

以上、①〜④より次の⑤が成り立つ。

　どんな自然数 n に対しても　$1+2+3+\cdots+n = \dfrac{n(n+1)}{2}$　……⑤

　〔例 1〕や〔例 2〕の帰納的な推論で得た結論には確信は持てません。「たぶん、…… であろう」ということで、この種の推論は**蓋然的推論**（がいぜんてき）とも呼ばれています。

Section 3-8 | パラドックス

パラドックスは英語で paradox と書きます。定説（dox）から外れた、反対の（para）ということで、**「逆説」とか、「矛盾した言葉、行為」という意味**になります。またパラドックスは、正しそうだが間違っていることや、間違っていそうだが正しいことなども意味します。

以下に、有名なパラドックスを2つ紹介しましょう。第1章、第2章で紹介した論理学は古典的論理学ですが、このようなパラドックスを解決しようとしてさらに発展した論理学が構築されています。

（注）　オーソドックスのスペルは orthodox で、この意味は正しい（ortho）定説（dox）、つまり、「正説」となります。なお、これは「正統の」「公認された」「ありきたりの」という形容詞としても使われます。

ウソつきのパラドックス

「私はウソつきである」はシンプルですが、まさしく、パンチの効いたパラドックスです。

「私はウソつきよ」が本当だとすると、彼女の言っていることはウソだから、「私はウソつきよ」はウソ、つまり、**「彼女はウソつきでない」**ことになります。

すると、彼女はウソつきでないのだから、彼女の言っている「私はウソつきよ」は本当のことになる。すると、**「彼女はウソつき」**になります。するとまた、……「彼

私は
ウソつきよ

女はウソつきでない」……。このように彼女がウソつきであることと、ウソつきでないことが、いつまでたっても堂々めぐりになります。

　逆に、「**彼女はウソつき**」が本当でないとしても、同様なことが繰り返されます。つまり、彼女がウソつきでないことと、ウソつきであることが堂々めぐりになります。困ったものです。**自分について自分が言及すると、このようなパラドックスの可能性が出てきます。**

すべてのクレタ人はウソつき

　いま紹介した「ウソつきのパラドックス」のおおもとは、古代ギリシャのクレタ人の哲人エピメニデスが「**すべてのクレタ人はウソつきである**」と述べたことに遡ります。

すべてのクレタ人はウソつきである

　これは、先の「私はウソつきよ」とは事情が異なります。「すべての……」となっているからです。その理由を調べてみましょう。

　もし、「**すべてのクレタ人はウソつきである**」が本当だとすると、クレタ人であるエピメニデスはウソつきとなります。したがって、「すべてのクレタ人はウソつきである」はウソとなり、これを否定した「あるクレタ人はウソつきでない」、つまり、「ウソつきでないクレタ人が少なくとも1人いる」（全称命題の否定：§2−14）が本当となります。

　これは「**すべてのクレタ人はウソつきである**」に矛盾が生じます。

しかし、もし「**すべてのクレタ人はウソつきである**」がウソだとすると、「あるクレタ人はウソつきでない」（全称命題の否定：§2−14）が本当になります。したがって、そのウソつきでないクレタ人から見れば変な親父が戯言をほざいているよ、で終わってしまいます。これはパラドックスとは認めがたいでしょう。

　もし、クレタ人が世の中にたった1人しかいなければ、右図からわかるように先の「私はウソつきよ」と同じパラドックスになります。

アキレスと亀のパラドックス

　古代ギリシャの哲学者ゼノン（別名ツェノン：490BC 〜 429BC）はたくさんのパラドックスを考えたといわれています。その中の一つに「**アキレスと亀**」という**運動のパラドックス**があります。

　これは、俊足で有名なアキレスがゆっくりな亀に追いつけないという話です。その理由を紹介しましょう。

　同じ方向にアキレスと亀は移動しています。ただし、亀はアキレスよりも先の地点にいた状態からともにスタートしたものとします。

プロローグ

やさしい論理学
第1章　論理を表で考える

やさしい論理学
第2章　論理を図形で考える

やさしい論理学
第3章　論理雑学

付録

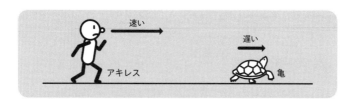

このとき、次の論が成立します。

「アキレスが亀のもといた位置に到達すると、亀は必ずアキレスよりも前の位置にいます」

これは正しいことと考えられます。しかし、この正しい論法を繰り返すと、アキレスは亀に絶対に追いつけないことがわかります。だって、アキレスが亀のもといた位置に到達すると、亀は必ずアキレスよりも前にいるのですから。

> そういわれても困ります。だって、実際に、私は亀に追いつき、追い越すことができます。

アキレス

遊び　変なお話をいくつか紹介しましょう。
（イ）　「張り紙禁止」という張り紙が電柱に貼ってあるのですが……
（ロ）　箱を作る職人が言いました。「俺はどんな箱でも作れる」。そこで、私はその職人に頼みました。「あなたの作った箱を全部入れる箱を作って」と。
（ハ）　コロナ禍で外出自粛を要請された街の歩行者に感想を聞きました。回答は「外出自粛なのに守らない人が多いのにビックリです」

プロローグ

やさしい論理学
第1章 論理を表で考える

やさしい論理学
第2章 論理を図形で考える

やさしい論理学
第3章 論理雑学

付録

参考 善人なおもて往生をとぐ、いはんや…

　宗教の世界で発せられた言葉には「えっー」と常識を逆なでされるような表現が少なくありません。いわゆる、「逆説的表現」です。たとえば、親鸞（浄土真宗）の『歎異抄』の世界を見てみましょう。

　　「善人なおもて往生をとぐ、いはんや悪人をや」……①

　通常であれば、

　　「悪人なお往生す、いかにいはんや善人をや」……②

という万人が認める話になるところですが、親鸞の主張①は、②の前提と結論を入れ替えた真逆のものです。宗教心の乏しい人でも、そこにかえって価値観を根本からひっくり返される快感や、底知れぬ真実味を感じとれるから不思議です。

　同様なことは、『新約聖書』の教えにもあります。山上の垂訓の冒頭に次の言葉があります。

　　「心の貧しい人は、幸いである」　……③

　著者のような凡人は、

　　「心の貧しい人は、不幸である」　……④

と思ってしまいますが、③は④の結論を否定してしまっています。これも一種の逆説的表現でしょう。この表現によって既存の価値観は大いに揺さぶられます。

　「目には目を、歯には歯を」「隣人を愛し、敵を憎め」に対し、「右の頬を打たれたら、左の頬をも出せ」や「敵を愛し、自分を迫害する者のために……」も同様です。常識的な表現や正しいと見なされてきたことに対し、その一部を否定したり、前提と結論を入れ替えたりしてみると、新たな価値が見出されるのは不思議なことです。

エピローグ

　論理は、言葉で構成された目に見えない世界と思われがちです。そこで、論理というものを図や表という道具を使って見てわかるようにしたのが本書です。いわゆる**論理の「見える化」**です。このことによって、日常の会話で使われている論理を今までとは異なる観点で見たり判断したりできるようになったのではないでしょうか。

　もちろん、日常会話のすべての論理が本書で紹介した「やさしい論理学」のまな板に乗るわけではありません。実際には乗るほうが少ないかも知れません。

　たとえば「この料理は美味しいようでもあり、そうでないようでもある」というような表現に対しては、本書で扱った論理学はお手上げです。

　しかし、本書によって、これは「pであってかつpでない、つまり、矛盾を認める表現に近いのだ」と解釈できます。これは素晴らしいことです。本書で得た**「やさしい論理学」の知識は武器になる**のです。

　こういうことも含めて、本書で身につけた論理学によって、今までとは違った観点で日常会話の論理を楽しむことができれば幸いです。

　本書は、論理学の「超」入門書です。論理学は奥の深い学問ですので、もしよろしかったら、論理学の入門書、さらに専門書に進まれ、さらなる論理の世界を訪ねてみてください。

付 録

付録 1 | 非包括的離接について

　2つの命題p、qに対して「pとqの少なくとも一方が真のとき真、共に偽のとき偽」とする命題を$p \vee q$と書きました。これを**包括的離接**と呼ぶことにします。

　この$p \vee q$に対して、「pとqの一方だけが真のとき真、共に真のときも共に偽のときも偽」とする命題を$p \nabla q$と書き、これを**非包括的離接**と呼ぶことにします。

p	q	$p \vee q$
T	T	T
T	F	T
F	T	T
F	F	F

p	q	$p \nabla q$
T	T	F
T	F	T
F	T	T
F	F	F

（注）　包括的離接、非包括的離接という名前を覚える必要はありません。なお、記号∇は本書でのみ通用する記号です。

〜p、$p \wedge q$、$p \nabla q$の世界

　「でない」「かつ」については第1章と同じですが、「または」については非包括的離接$p \nabla q$とした世界を調べてみましょう。

p	$\sim p$
T	F
F	T

p	q	$p \wedge q$
T	T	T
T	F	F
F	T	F
F	F	F

p	q	$p \nabla q$
T	T	F
T	F	T
F	T	T
F	F	F

第1章の「$\sim p$、$p \wedge q$、$p \vee q$」の世界では、次のド・モルガンの法則が成立しました。

$$\sim (p \wedge q) = (\sim p) \vee (\sim q) \quad \cdots\cdots ①$$

$$\sim (p \vee q) = (\sim p) \wedge (\sim q) \quad \cdots\cdots ②$$

　しかし、$\sim p$、$p \wedge q$、$p \triangledown q$の世界ではこの法則は成立しません。このことは真理表から確かめられます。

　下の表より、　$\sim (p \wedge q) \neq (\sim p) \triangledown (\sim q)$

p	q	$p \wedge q$	$\sim(p \wedge q)$	$\sim p$	$\sim q$	$(\sim p) \triangledown (\sim q)$
T	T	T	F	F	F	F
T	F	F	T	F	T	T
F	T	F	T	T	F	T
F	F	F	T	T	T	F

　下の表より、　$\sim (p \triangledown q) \neq (\sim p) \wedge (\sim q)$

p	q	$p \triangledown q$	$\sim(p \triangledown q)$	$\sim p$	$\sim q$	$(\sim p) \wedge (\sim q)$
T	T	F	T	F	F	F
T	F	T	F	F	T	F
F	T	T	F	T	F	F
F	F	F	T	T	T	T

　$p \triangledown q$を用いて論理学を構成する方法もありますが、ド・モルガンの法則の不成立はショックなことです。

$\sim p$、$p \triangle q$、$p \triangledown q$の世界

　「でない」については第1章と同じですが、「かつ」については共に偽のときも真とした次ページの$p \triangle q$、「または」については非包括的離接$p \triangledown q$とした世界を調べてみましょう。

p	$\sim p$
T	F
F	T

p	q	$p\,\triangle\,q$
T	T	T
T	F	F
F	T	F
F	F	T

p	q	$p\,\nabla\,q$
T	T	F
T	F	T
F	T	T
F	F	F

この世界では、次のド・モルガンの法則は成立します。

$$\sim(p\,\triangle\,q) = (\sim p)\,\nabla\,(\sim q) \quad \cdots\cdots ③$$

$$\sim(p\,\nabla\,q) = (\sim p)\,\triangle\,(\sim q) \quad \cdots\cdots ④$$

このことは真理表から確かめられます。

下の表より、 $\sim(p\,\triangle\,q) = (\sim p)\,\nabla\,(\sim q)$

p	q	$p\,\triangle\,q$	$\sim(p\,\triangle\,q)$	$\sim p$	$\sim q$	$(\sim p)\,\nabla\,(\sim q)$
T	T	T	F	F	F	F
T	F	F	T	F	T	T
F	T	F	T	T	F	T
F	F	T	F	T	T	F

下の表より、$\sim(p\,\nabla\,q) = (\sim p)\,\triangle\,(\sim q)$

p	q	$p\,\nabla\,q$	$\sim(p\,\nabla\,q)$	$\sim p$	$\sim q$	$(\sim p)\,\triangle\,(\sim q)$
T	T	F	T	F	F	T
T	F	T	F	F	T	F
F	T	T	F	T	F	F
F	F	F	T	T	T	T

しかし、いくらド・モルガンの法則が成立するといわれても、p と q が共に偽のとき $p \wedge q$ を真と判定するのは、日常言語の感覚では違和感があります。トータルで考えると非包括的離接を採用するのは（このこと自身、数学的には誤りではありません）、日常感覚的には無理があるようです。

なお、～p、$p \triangle q$、$p \nabla q$のとき条件文$p \to q$の真偽はどうなっているのかを調べておきましょう。ただし、$p \to q$は次の式で定義されているものとします。

$$p \to q \underset{\text{定義}}{=} \sim (p \triangle (\sim q))$$

このときド・モルガンの法則は成立するので、③より、

$$p \to q = (\sim p) \nabla q$$

となります。

ここで、$(\sim p) \nabla q$の真理表は下左の図のようになるので、$p \to q$の真理表は下右の図になることがわかります。

p	q	$\sim p$	$(\sim p) \nabla q$
T	T	F	T
T	F	F	F
F	T	T	F
F	F	T	T

p	q	$p \to q$
T	T	T
T	F	F
F	T	F
F	F	T

したがって、第1章の§1−8のときと比べると、前提が偽のとき結論の真、偽によって$p \to q$の真偽が異なることがわかります。

総合的に考えると、第1章の「でない」「かつ」「または」の真偽の決め方が使い勝手がよいように思えます。

　本文に掲載した〔遊び〕で、その答えを掲載しなかったものについて、以下に掲載しておきます。参考にしてください。

§1-6　論理的に同値

〔遊び〕

p	q	r	$q \wedge r$	$p \vee (q \wedge r)$	$p \vee q$	$p \vee r$	$(p \vee q) \wedge (p \vee r)$
T	T	T	T	T	T	T	T
T	T	F	F	T	T	T	T
T	F	T	F	T	T	T	T
T	F	F	F	T	T	T	T
F	T	T	T	T	T	T	T
F	T	F	F	F	T	F	F
F	F	T	F	F	F	T	F
F	F	F	F	F	F	F	F

§1-7　ド・モルガンの法則

〔遊び〕

p	q	$p \vee q$	$\sim(p \vee q)$	$\sim p$	$\sim q$	$(\sim p) \wedge (\sim q)$
T	T	T	F	F	F	F
T	F	T	F	F	T	F
F	T	T	F	T	F	F
F	F	F	T	T	T	T

§1-11 トートロジーと矛盾命題

〔遊び1〕

p	q	$\sim p$	$\sim (p \wedge q)$	$(\sim p) \vee q$	$\{\sim (p \wedge q)\} \vee \{(\sim p) \vee q\}$
T	T	F	F	T	T
T	F	F	T	F	T
F	T	T	T	T	T
F	F	T	T	T	T

〔遊び2〕

p	q	$\sim p$	$\sim q$	$p \vee q$	$(\sim p) \wedge (\sim q)$	$(p \vee q) \wedge \{(\sim p) \wedge (\sim q)\}$
T	T	F	F	T	F	F
T	F	F	T	T	F	F
F	T	T	F	T	F	F
F	F	T	T	F	T	F

§1-12　記号⇒について

〔遊び〕

(3)　$\{(p \vee q) \wedge (\sim p)\} \to q$

p	q	$\sim p$	$p \vee q$	$(p \vee q) \wedge (\sim p)$	$\{(p \vee q) \wedge (\sim p)\} \to q$
T	T	F	T	F	T
T	F	F	T	F	T
F	T	T	T	T	T
F	F	T	F	F	T

(4)　$\{(p \rightarrow q) \land (q \rightarrow r)\} \rightarrow (p \rightarrow r)$

p	q	r	$p \rightarrow q$	$q \rightarrow r$	$(p \rightarrow q) \land (q \rightarrow r)$	$p \rightarrow r$	$\{(p \rightarrow q) \land (q \rightarrow r)\}$ $\rightarrow$ $(p \rightarrow r)$
T	T	T	T	T	T	T	T
T	T	F	T	F	F	F	T
T	F	T	F	T	F	T	T
T	F	F	F	T	F	F	T
F	T	T	T	T	T	T	T
F	T	F	T	F	F	T	T
F	F	T	T	T	T	T	T
F	F	F	T	T	T	T	T

§1-13　記号⇔について

〔遊び〕

(3)　について

p	q	r	$p \rightarrow q$	$p \rightarrow r$	$(p \rightarrow q) \land (p \rightarrow r)$	$q \land r$	$p \rightarrow (q \land r)$
T	T	T	T	T	T	T	T
T	T	F	T	F	F	F	F
T	F	T	F	T	F	F	F
T	F	F	F	F	F	F	F
F	T	T	T	T	T	T	T
F	T	F	T	T	T	F	T
F	F	T	T	T	T	F	T
F	F	F	T	T	T	F	T

§1-15 推論について

〔遊び〕

(4) $(p \wedge q) \rightarrow p$ について

p	q	$p \wedge q$	$(p \wedge q) \rightarrow p$
T	T	T	T
T	F	F	T
F	T	F	T
F	F	F	T

(5) $p \rightarrow (p \vee q)$ について

p	q	$p \vee q$	$p \rightarrow (p \vee q)$
T	T	T	T
T	F	T	T
F	T	T	T
F	F	F	T

(6) $(p \rightarrow q) \rightarrow (\sim q \rightarrow \sim p)$ について

p	q	$\sim p$	$\sim q$	$p \rightarrow q$	$\sim q \rightarrow \sim p$	$(p \rightarrow q) \rightarrow (\sim q \rightarrow \sim p)$
T	T	F	F	T	T	T
T	F	F	T	F	F	T
F	T	T	F	T	T	T
F	F	T	T	T	T	T

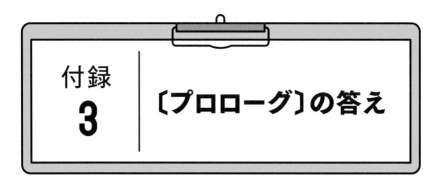

冒頭のプロローグでいくつかの問題を提起しました。その答えは第1章と第2章を読まれた後は判明すると考えられますが、確認のため、以下に答えを示しておきます。

§0-2 「安くて旨い」の否定は?

基本的には次のド・モルガンの法則（§1−7）を使うことになります。

$$\sim (p \wedge q) = (\sim p) \vee (\sim q) \quad \cdots\cdots ①$$
$$\sim (p \vee q) = (\sim p) \wedge (\sim q) \quad \cdots\cdots ②$$

ここで、命題pを「安い」、命題qを「旨い」とすれば、「安くて旨い」は$p \wedge q$と書けます。よって、この否定は①より $(\sim p) \vee (\sim q)$ となります。つまり、「安くないか、または、旨くない」となります。

「安くない」を「高い」、「旨くない」を「まずい」ということにすれば、**「安くて旨い」の否定は「高いか、または、まずい」**となります。しかし、これは、あくまでも論理学としての解釈です。多くの人が答えるであろう「安くて旨い」の否定「高くてまずい」を「間違っている！」と頭から否定するものではありません。

（注） 厳密には「安い」だけでは命題になりません。「○○は安い」などとすべきですが簡略化しました。他も同様です。

プロローグ

やさしい論理学
第1章 論理を表で考える

やさしい論理学
第2章 論理を図形で考える

やさしい論理学
第3章 論理雑学

付録

§0-3 「コーヒーまたは紅茶」といわれたら

「コーヒーまたは紅茶」といわれたら、論理学としては両方注文することは可能です。しかし、日常の会話では、どちらか一方を答えるべきでしょう。ただし、同じ日常会話でも「pまたはq」を「両方成立してもいい」と解釈される場合があるから複雑です。

したがって、日常会話で「どちらか一方のみ」を主張したい場合には「コーヒーまたは紅茶、ただし、どちらか一方」などと注釈をつけてトラブルを回避するとよいでしょう。

「pまたはq」について、両方成立してもいいという解釈は、しっかり認識しておいたほうが、日常生活でも便利であると思います。

§0-4 明日晴れたら外で体操

論理学では、pが間違っていれば「pならばq」は必ず真になります。つまり、**前提が間違っていれば結論はどうでもいい**ということです。これは「pならばq」を「pであってqでないことはない」と決めたことから導き出されたことです（§1−8）。

したがって、「明日晴れたら外で体操」としたとき、雨ならば外で体操しても、しなくてもいいことになります。ちょっと奇異に感じますが、この考え方は日常の会話でも珍しくありません。

§0-5 消費税を上げれば、社会福祉は充実する。逆に、……

論理学としては「消費税を上げれば、社会福祉は充実する」の逆は「社会福祉が充実すれば、消費税は上がる」です。政治家の発言の「消費税を上げなければ、社会福祉は充実できません」は「逆」ではなく「裏」（§1−9）に相当します。

しかし、「逆」という語は日常語としてはかなりの曖昧さが許容されています。また、論理をちゃんと学んだ人でも無意識のうちにこの政治家と同じ使い方をしていることもあります。

ここでは用語の不適切さというよりも、むしろ、正しい判断ができていないことを問題にしたいと思います。

つまり、「pならばq」を根拠にして、「よって、pでないならば、qでない」を導くことは正しくないということです。謬論なのです。理由は、「pならばq」が正しくても、「pでないならば、qでない」は正しいとは限らないからです（§1−9）。

国民の生活に強い影響を及ぼす政治家の発言としては許されない判断ミス、論理ミスを犯していることになります。

付録3 〔プロローグ〕の答え

§0-6　朝、ごはんを食べましたか？

「朝、ごはんを食べましたか？」に対して、実際には朝食を食べたのに「いいえ、今朝はごはんを食べませんでした（なぜならば、ごはんではなくパンを食べたから）」と答えるのは、質問者に対して誠実な回答とはいえません。

この問題の本質は、回答者がわざと答えをはぐらかし、事実を隠蔽^{いんぺい}しようとするところにあります。こういう国会答弁が許されること自体、実にいやな感じがします。

§0-7　君、そのための必要条件は？

「pならばq」が正しければ、pはqであるための十分条件であり、qはpであるための必要条件です（§2−11）。

したがって、

「店舗数100　ならば　売上1億円」……①が正しければ、

「店舗数100」は「売上1億円」の十分条件であり、「売上1億円」は「店舗数100」の必要条件です。

また、

「売上1億円　ならば　店舗数100」……②が正しければ、

「売上1億円」は「店舗数100」の十分条件であり、「店舗数100」は「売上1億円」の必要条件です。

太郎くんが「売上目標が1億円ならば100店舗は必要」を正しいと考えているのであれば、②より100店舗は必要条件です。

上司が「100店舗あれば売上1億円」を正しいと考えているのであれば、①より100店舗は十分条件です。

このように、**「何を正しいと考えるか」**によって、**「答えは違ってくる」**のです。

したがって、①と②のどちらが正しいかの決着をつけなければ議論は平行線です。

（注）　もし、①も②も正しいとなれば「店舗数100」と「売上1億円」はお互いに必要十分条件となります。

§0-8　「今の若者は甘ったれ」に反論

「今の若者はみんな甘ったれている」……①

これは全称命題（§2−12）ですから、この命題の否定は次の公式を使います。

$$\sim[\forall x \in U,\ p(x)] = \exists x \in U,\ \sim p(x)$$

ここで、Uは「今（現代）の若者の集合」、$p(x)$は「xは甘ったれている」と解釈すると、①の否定は「甘ったれでない現代の若者がいる」です。

「世の中には性格の悪い人もいるよね」……②

プロローグ

やさしい論理学
第1章　論理を表で考える

やさしい論理学
第2章　論理を図形で考える

やさしい論理学
第3章　論理雑学

付録

これは特称命題（§2−13）ですから、この命題の否定は次の公式を使います。

$$\sim[\exists x \in U,\ p(x)] = \forall x \in U,\ \sim p(x)$$

ここで、Uは「人の集合」、$p(x)$は「xは性格が悪い」と解釈すると、②の否定は「世の中のすべての人は性格が悪くない」です。

§0-9 「美男美女は気立てがよくない」との発言に怒る

命題「pならばq」と命題「qでないならばpでない」はお互いに対偶（§1−9）同士であり、真偽が一致します。つまり、論理的に同値であり、表現は異なりますが、主張していることは同じなのです（§1−6）。

そこで、「とかく美男美女は気立てがよくない」を「美男美女ならば気立てはよくない」と解釈すると、この対偶は「気立てがよければ美男美女ではない」となります。つまり、太郎くんは、気立てがいいことで、評判の桜子さんに「あなたは美男美女ではありませんよ」といったのも同然です。失礼極まりない話です。でも、こういうことって、よくあることかも知れません。

§0-10 「飲んだら乗るな、乗るなら飲むな」

より広い立場から思考の基本的な法則性を解明するため、論理では「時の前後関係」は度外視することがあります（§1−9＜参考＞）。すると、太郎くんの考えも理解できます。つまり、「飲んだら乗るな、乗るなら飲むな」を「飲むなら乗るな、乗るなら飲むな」と言い換えてみます。すると「飲むならば乗るな」と「乗るなら飲むな」がお互いに対偶（§1−9）となります。したがって、表現は違うけれど、いっている内容は同じとなります。

索 引

【著者略歴】

涌井 良幸（わくい・よしゆき）

1950年、東京生まれ。東京教育大学（現、筑波大学）理学部数学科を卒業後、教職に就く。現在はコンピュータを活用した教育法や統計学の研究を行なっている。著書に『「数学」の公式・定理・決まりごとがまとめてわかる事典』『高校生からわかるフーリエ解析』『高校生からわかるベクトル解析』『高校生からわかる複素解析』『高校生からわかる統計解析』（以上、ベレ出版）、『統計学図鑑』『身につくベイズ統計学』（以上、技術評論社）、『統計力クイズ』（実務教育出版）、『道具としてのベイズ統計』『Excelでスッキリわかるベイズ統計入門』（以上、日本実業出版社）などがある。

◉── ブックデザイン　　三枝 未央
◉── DTP　　　　　　　あおく企画
◉── 編集協力　　　　　編集工房シラクサ（畑中 隆）
◉── 本文校正　　　　　小山 拓輝

数学教師が教える　やさしい論理学

2023年 3月 30日　初版発行

著者	涌井 良幸
発行者	内田 真介
発行・発売	ベレ出版 〒162-0832　東京都新宿区岩戸町12 レベッカビル TEL.03-5225-4790 FAX.03-5225-4795 ホームページ　https://www.beret.co.jp/
印刷	モリモト印刷株式会社
製本	根本製本株式会社

ISBN 978-4-86064-719-3 C0010　　　　　　　　　　編集担当　坂東一郎